上海市工程建设规范

建筑防排烟系统设计标准

Design standard for smoke management system in buildings

DG/TJ 08—88—2021

J 10035—2021

主编单位:上海建筑设计研究院有限公司
　　　　　上海市消防救援总队
　　　　　应急管理部上海消防研究所
批准部门:上海市住房和城乡建设管理委员会
施行日期:2021 年 9 月 1 日

同济大学出版社

2021　上海

图书在版编目(CIP)数据

建筑防排烟系统设计标准/上海建筑设计研究院有限公司,上海市消防救援总队,应急管理部上海消防研究所主编.—上海:同济大学出版社,2021.8

ISBN 978-7-5608-9875-9

Ⅰ.①建… Ⅱ.①上…②上…③应… Ⅲ.①建筑物－防排烟－设计标准 Ⅳ.①TU761.2-65

中国版本图书馆 CIP 数据核字(2021)第 164195 号

建筑防排烟系统设计标准

上海建筑设计研究院有限公司
上海市消防救援总队 **主编**
应急管理部上海消防研究所

策划编辑　张平官
责任编辑　朱　勇
责任校对　徐春莲
封面设计　陈益平

出版发行　同济大学出版社　　www.tongjipress.com.cn
　　　　　(地址:上海市四平路 1239 号　邮编:200092　电话:021-65985622)

经　　销　全国各地新华书店
印　　刷　浦江求真印务有限公司
开　　本　889mm×1194mm　1/32
印　　张　3.25
字　　数　87 000
版　　次　2021 年 8 月第 1 版　　2021 年 9 月第 2 次印刷
书　　号　ISBN 978-7-5608-9875-9
定　　价　35.00 元

上海市住房和城乡建设管理委员会文件

沪建标定〔2021〕228号

上海市住房和城乡建设管理委员会
关于批准《建筑防排烟系统设计标准》
为上海市工程建设规范的通知

各有关单位：

由上海建筑设计研究院有限公司、上海市消防救援总队和应急管理部上海消防研究所主编的《建筑防排烟系统设计标准》，经我委审核，现批准为上海市工程建设规范，统一编号为 DG/TJ 08—88—2021，自 2021 年 9 月 1 日起实施。原《建筑防排烟技术规程》DGJ 08—88—2006 同时废止。

本规范由上海市住房和城乡建设管理委员会负责管理，上海建筑设计研究院有限公司负责解释。

特此通知。

上海市住房和城乡建设管理委员会
二○二一年四月九日

前　言

根据上海市城乡建设和交通委员会《关于印发〈2013年上海市工程建设规范和标准设计编制计划〉的通知》(沪建交〔2012〕1236号)的要求,对上海市工程建设规范《建筑防排烟技术规程》DGJ 08—88—2006进行修编。修编过程中,编制组遵循国家有关法律法规和技术标准,深入调研建筑防排烟系统的设计和工程应用情况,认真总结经验,参考了国内外相关标准规范和先进的科研成果并广泛征求意见,完成本标准。

本次修订主要针对防排烟设计、计算与控制内容进行,施工、调试与验收内容按照现行国家标准《建筑防烟排烟系统技术标准》GB 51251执行,修编后的名称为《建筑防排烟系统设计标准》。

修编的主要内容包括以下几个方面:

1. 调整了防、排烟系统的设计计算方法。

2. 明确了建筑物地下部分的防烟系统设计要求。

3. 增加了首层扩大前室防烟系统的设置要求。

4. 明确了地下室疏散楼梯间或前室具有自然通风功能的条件。

5. 明确了走廊机械排烟系统的设置要求。

6. 调整了防、排烟风管的耐火极限设置要求。

各单位及相关人员在执行本标准过程中,如有意见或建议,请反馈至上海市住房和城乡建设管理委员会(地址:上海市大沽路100号;邮编:200003;E-mail:shjsbzgl@163.com)、上海建筑设计研究院有限公司(地址:上海市石门二路 258 号;邮编:200041;E-mail:DGJ 08_88@126.com)、上海市建筑建材业市场管理总站(地址:上海市小木桥路 683 号;邮编:200032;E-mail:shgcbz@163.com),以供今后修订时参考。

主 编 单 位：上海建筑设计研究院有限公司

上海市消防救援总队

应急管理部上海消防研究所

参 编 单 位：奥雅纳工程咨询(上海)有限公司

应急管理部四川消防研究所

迈莱孚建筑安全科技(上海)有限公司

主要起草人：寿炜炜　杨　波　施　樑　朱学锦　王　薇

唐　军　朱　喆　孙晓乾　张泽江　湛育明

主要审查人：马伟骏　朱伟民　郑晋丽　洪彩霞　顾　勇

项志鋐　朱中樑

上海市建筑建材业市场管理总站

目 次

Contents

1 总 则

1.0.1 为了保证建筑火灾烟气的合理流动，有利于人员的安全疏散和消防救援的开展，减少建筑火灾的危害，保障社会的公共安全，制定本标准。

1.0.2 本标准适用于新建、扩建和改建的民用建筑与工业建筑防排烟设计。对于有特殊用途或特殊要求的工业与民用建筑，当专业标准有特别规定的，可从其规定。

1.0.3 建筑的防烟、排烟设计，应结合建筑特性和火灾时烟气发展规律等因素，采取可靠的防烟、排烟措施，做到安全适用、技术先进、经济合理。

1.0.4 防排烟系统的设计采用新技术、新设备、新材料时，应提出合理的技术依据。

1.0.5 防排烟系统的设计，除执行本标准外，尚应符合国家、行业和本市现行有关标准的规定。

2 术语和符号

2.1 术 语

2.1.1 中庭 atrium

贯通三层或三层以上、对边最小净距离不小于 6 m，贯通空间的最小投影面积大于 100 m² 的室内空间，且二层或二层以上周边设有与其连通的使用场所或回廊。

2.1.2 中庭回廊 the atrium cloister

二层或二层以上与中庭相通的走廊。

2.1.3 烟缕 smoke plume

火灾烟气卷吸四周空气所产生的混合烟气流。

2.1.4 排烟窗 exhaust smoke window

能有效排除烟气，设置在建筑物的外墙、顶部的可开启外窗或百叶窗。排烟窗可分为自动排烟窗和手动排烟窗。

2.1.5 自动排烟窗 auto exhaust smoke window

与火灾自动报警系统联动或温度感应自动开启的排烟窗。

2.1.6 手动排烟窗 manual exhaust smoke window

采用手动方式通过机械或电动、气动等装置开启的排烟窗。

2.1.7 可开启外窗面积 openable exterior window area

外窗的可开启部分的面积，不含周边固定窗框的面积。

2.1.8 可开启外窗的有效面积 the effective open area of an exterior window

外窗开启时，能起到有效通风或排烟的开启面积。

2.1.9 独立前室 independent anteroom

只与一部疏散楼梯相连的前室。

2.1.10 共用前室 shared anteroom

剪刀楼梯间的两个楼梯间共用同一前室时的前室。

2.1.11 合用前室 combined anteroom

防烟楼梯间前室与消防电梯前室合用时的前室。

2.1.12 服务高度 service height

防烟或排烟系统服务对象的高度,指从服务对象的最下层地面至最上层顶板的高度。

2.1.13 直灌式送风 direct feed air supply

直接向楼梯间进行机械加压送风的方式。

2.2 符 号

2.2.1 计算几何参数

a_1,b_1——排烟口的长和宽;

A——每个疏散门的有效漏风面积;

A_k——每层开启门的总断面积;

A_0——所有进气口总面积;

A_m——门的面积;

A_f——单个送风阀门的面积;

A_g——一层前室疏散门的总面积;

A_1——一层楼梯间疏散门的总面积;

A_v——排烟口截面积;

A_w——窗口开口面积;

B——风管直径或长边尺寸;

b——从开口至阳台边沿的距离;

d_m——门的把手到门闩的距离;

d_b——排烟窗(口)下烟气的厚度;

— 3 —

D——排烟口的当量直径；

H——排烟空间的室内净高度；

H_1——燃烧物至阳台的高度；

H_w——窗口开口的高度；

H_q——最小清晰高度；

w——火源区域的开口宽度；

W——烟羽流扩散宽度；

W_m——单扇门的宽度；

Z——燃料面到设计烟层底部的高度；

Z_1——火焰极限高度；

Z_b——从阳台下缘至烟层底部的高度；

Z_w——开口的顶部到烟层之间的高度。

2.2.2 计算风量、风速

g——重力加速度；

L_j——楼梯间的加压送风系统所需的总送风量；

L_s——前室的加压送风系统所需的总送风量；

L_1——门开启时，达到规定风速值所需的送风量；

L_2——门开启时，规定风速值下的其他门漏风总量；

L_3——未开启常闭送风阀门漏风总量；

M_ρ——烟羽流质量流量；

v——门洞断面风速；

V——排烟量；

V_{max}——最大允许排烟量。

2.2.3 计算压力、热量、时间

C_p——空气的定压比热；

F'——门的总推力；

F_{dc}——门把手处克服闭门器所需的力；

M——闭门器的开启力矩；

ρ_0——环境温度下的气体密度；

P——疏散门的最大允许压力差；

ΔP——计算漏风量的平均压力差；

Q——火灾达到稳态时的热释放速率；

Q_c——火灾热释放速率中的对流部分；

t——火灾增长时间；

T——烟层的平均绝对温度；

T_0——环境的绝对温度；

ΔT——烟层温度与环境温度之差。

2.2.4 计算系数

α——火灾增长系数；

α_w——窗口型烟羽流的修正系数；

γ——排烟位置系数；

C_0——进气口流量系数；

C_v——排烟口流量系数；

k——烟气中对流放热量因子；

n——指数。

2.2.5 计算其他符号

N_1——设计疏散门开启的楼层数；

N_2——漏风疏散门的数量；

N_3——漏风阀门的数量。

3 防烟设计

3.1 一般规定

3.1.1 建筑防烟系统的设计应根据建筑高度、使用性质等因素，采用自然通风防烟方式或机械加压送风防烟方式。

3.1.2 建筑高度大于 50 m 的公共建筑、工业建筑和建筑高度大于 100 m 的住宅建筑，其防烟楼梯间、独立前室、合用前室、共用前室及消防电梯前室应采用机械加压送风防烟方式。

3.1.3 建筑高度小于等于 50 m 的公共建筑、工业建筑和建筑高度小于等于 100 m 的住宅建筑，其防烟楼梯间、独立前室、共用前室、合用前室及消防电梯前室应采用自然通风防烟方式；当不能采用时，应采用机械加压送风防烟方式。

3.1.4 共用前室与消防电梯前室的合用前室应采用机械加压送风防烟方式。

3.1.5 建筑高度小于等于 50 m 的公共建筑、工业建筑和建筑高度小于等于 100 m 的住宅建筑，其防烟系统的选择应符合下列要求：

    1 当独立前室或合用前室满足下列条件之一时，楼梯间可不设置防烟系统：

        1）采用全敞开的阳台或凹廊；

        2）设有两个及以上不同朝向的可开启外窗，且独立前室两个可开启外窗面积分别不小于 2.0 m²，合用前室两个可开启外窗面积分别不小于 3.0 m²。

    2 当独立前室、合用前室及共用前室的机械加压送风的气流不被阻挡且不朝向楼梯间入口时,楼梯间可采用自然通风系统;不能满足时,楼梯间应采用机械加压送风系统。

3 当防烟楼梯间在裙房高度以上部分采用自然通风系统时,其不具备自然通风防烟条件的裙房高度内的独立前室、合用前室及共用前室应采用机械加压送风系统,且独立前室、合用前室及共用前室送风口的设置方式符合本条第 2 款的要求时,该防烟楼梯间的裙房部分可不设置机械加压送风系统。

3.1.6 当防烟楼梯间及其前室采用机械加压送风系统时,应符合下列要求:

1 当采用合用前室时,楼梯间、合用前室应分别设置机械加压送风系统。

2 剪刀楼梯的两个楼梯间及其前室的机械加压送风系统应分别独立设置。

3 当采用独立前室且仅有一个门与走道或房间相通时,可仅在楼梯间设置机械加压送风系统;当独立前室有多个门时,楼梯间、独立前室应分别独立设置机械加压送风系统。

3.1.7 封闭楼梯间应采用自然通风系统;当不能采用时,应采用机械加压送风系统。

3.1.8 地下、半地下室疏散楼梯间的防烟系统应符合下列要求:

1 公共建筑的封闭楼梯间不与地上楼梯间共用,且仅为一层,首层有直接开向室外的门或有不小于 1.2 m² 的可开启外窗时,该封闭楼梯间可不设机械加压送风系统。

2 住宅建筑地下为一、二层,其使用功能仅为汽车库、非机动车库和设备用房,地下最底层的地坪与室外出入口地面高差不大于 10 m,且地下楼梯间不与地上楼梯间共用时,楼梯间防烟系统可按以下要求设置:

　　1)地下为一层,且首层设有直接开向室外的门或设有不小于 1.2 m² 的可开启外窗或开口时,其防烟楼梯间或封闭楼梯间可不设机械加压送风系统;

2）地下为二层，且首层设有直接开向室外的门或设有不小于 2.0 m² 的可开启外窗或开口时，其防烟楼梯间或封闭楼梯间可不设机械加压送风系统；

3）防烟楼梯间地下部分的前室不具有自然通风防烟条件时，应设机械加压送风系统。

3 除地下疏散楼梯间满足本条第 1、2 款，或贴邻下沉式广场等能满足自然通风防烟方式要求的情况外，疏散楼梯间应采用机械加压送风防烟方式。

3.1.9 首层疏散楼梯扩大前室的防烟或排烟系统宜独立设置，实施方式可根据建筑构造及设备布置条件等因素确定；有条件时，应优先采用自然通风防烟方式。

3.1.10 采用机械加压送风的场所，不应设置百叶窗；除避难层（间）外，尚不宜设置可开启外窗。

3.1.11 避难层（间）的防烟系统可根据建筑构造、设备布置等因素选择自然通风防烟方式或机械加压送风防烟方式。

3.1.12 避难走道及其前室应分别设置机械加压送风系统，但下列情况可仅在前室设置机械加压送风系统：

1 避难走道一端设置安全出口，且总长度不大于 30 m。

2 避难走道两端设置安全出口，且总长度不大于 60 m。

3.2 自然通风防烟设施

3.2.1 采用自然通风防烟方式的封闭楼梯间、防烟楼梯间，应在顶层的高位设置面积不小于 1.0 m² 的可开启外窗或开口；当楼梯间高度大于 10 m 时，尚应在楼梯间的外墙上每 5 层内设置总面积不小于 2.0 m² 可开启外窗或开口，且布置间隔应小于 3 层。

3.2.2 前室采用自然通风防烟方式时，独立前室、消防电梯前室可开启外窗或开口的面积不应小于 2.0 m²，合用前室、共用前室不应小于 3.0 m²，且有效开启面积不应小于可开启外窗面积的 40%。

3.2.3 首层疏散楼梯间的扩大前室采用自然通风防烟方式时,该防烟方式不受建筑高度的限制,其可开启外窗的有效面积不应小于扩大前室地面面积的 3%,且不应小于 3 m²。

3.2.4 采用自然通风防烟方式的避难层(间)应设有不同朝向的可开启外窗,其有效开启面积不应小于该避难层(间)地面面积的 2%,且每个朝向的有效开启面积不应小于 2.0 m²。

3.2.5 可开启外窗应方便直接开启;设置在高处不便于直接开启的可开启外窗应在距地面高度为 1.3 m～1.5 m 的位置设置手动开启装置。

3.2.6 除本标准另有规定外,采用自然通风防烟方式的地下室疏散楼梯间或前室应贴邻下沉式广场或对边净距不小于 6 m×6 m 的无盖采光井设置。

3.3 机械加压送风防烟设施

3.3.1 建筑高度大于 100 m 时,机械加压送风系统应竖向分段独立设置,且每段服务高度不应超过 100 m。

3.3.2 除本标准另有规定外,采用机械加压送风系统的防烟楼梯间及其前室应分别设置送风管道、送风口(阀)和送风机。

3.3.3 设置机械加压送风系统的楼梯间的地上部分与地下部分,其机械加压送风系统应分别独立设置。当受建筑条件限制且地下部分为汽车库、非机动车库或设备用房时,可共用机械加压送风系统,并应符合下列要求:

  1 应按本标准第 5.1.5 条的要求分别计算地上、地下部分的加压送风量,相加后作为共用加压送风系统风量。

  2 应采取有效措施分别满足地上、地下部分的送风量的要求。

3.3.4 当楼梯间设置加压送风井(管)道确有困难且楼梯间自身高度不大于 50 m 时,该楼梯间可采用直灌式加压送风系统,并应

符合下列规定:

1 楼梯间高度大于 32 m 时,应采用楼梯间两点部位送风的方式,送风口之间距离不宜小于楼梯间高度的 1/2。

2 送风量应按计算值或本标准第 5.1.1 条规定的送风量增加 20%。

3 加压送风口应设置在远离直通室外的门,且不影响人员疏散的部位。

3.3.5 机械加压送风风机可采用轴流风机、混流风机或中、低压离心风机等,其设置应符合下列要求:

1 送风风机的进风口应直通室外。

2 送风风机的进风口宜设在机械加压送风系统的下部。

3 送风风机的进风口不宜与排烟风机的出风口设在同一建筑立面或平面上。如确有困难,送风风机的进风口应在排烟风机的出风口下部,两风口最小垂直边缘距离不应小于 6 m,或两者边缘最小水平距离不应小于 20 m;当设置在内夹角不大于135°的两相邻立面上时,两风口边缘沿墙面的最小水平距离不应小于 12 m,或垂直距离不应小于 4.5 m。

4 送风机应设置在专用风机房内,风机两侧应留有 600 mm 以上的检修空间。风机房应采用耐火极限不低于 2.0 h 的隔墙和 1.5 h 的楼板及甲级防火门与其他部位隔开。当风机置于具有耐火极限不小于 1.0 h、通风及耐候性能良好的保护箱体内时,可室外设置。

5 当加压送风风机独立布置确有困难时,可以与排烟补风机合用机房。当受条件限制,需与其他通风机、空调箱合用机房时,除应符合上述专用机房的要求外,还应符合下列条件:

1)机房内应设有自动喷水灭火系统;

2)机房内不得设有用于排烟和事故通风的风机与管道。

6 设常开加压送风口的系统,其送风机的出风管或进风管上应加装电动风阀或止回风阀,电动风阀平时关闭,火灾时应与加压风机联动开启。

3.3.6 加压送风口设置应符合下列要求：

1 除直灌式加压送风方式外,楼梯间宜每2层～3层设一个常开式百叶送风口。

2 前室应每层设一个常闭式加压送风口,并应设带有开启信号反馈的手动开启装置;火灾时,其联动开启方式应符合本标准第6.1.3条的规定。

3 送风口的风速不宜大于7 m/s。

4 前室加压送风口的位置应保证送风的有效性。

3.3.7 除用于建筑物地下部分的室外进风竖井外,机械加压送风系统应采用管道送风,不应采用土建风道。送风管道应采用不燃材料制作且内壁应光滑。当送风管道内壁为金属材料时,设计风速不应大于20 m/s;当送风管道内壁为非金属材料时,设计风速不应大于15 m/s;送风管道的厚度及制作要求应符合现行国家标准《通风与空调工程施工质量验收规范》GB 50243中压系统风管的规定。

3.3.8 机械加压送风管道的设置和耐火极限应符合下列要求:

1 竖向设置的加压送风管道,应设置在独立的管道井内;当确有困难,未设置在管道井内或需与其他类型管道合用管道井时,加压送风管道的耐火极限不应低于1.0 h。

2 水平设置的送风管道,其耐火极限不应低于1.0 h;但需要穿越所服务的疏散楼梯间配套的前室时,其耐火极限不应低于2.0 h。

3.3.9 风管管道井应采用耐火极限不小于1.0 h的隔墙与相邻部位分隔;当墙上必须设置检修门时,应采用乙级防火门。

3.3.10 加压送风管道上应设置公称动作温度为70℃的防火阀,其设置部位应按现行国家标准《建筑设计防火规范》GB 50016的要求执行。

4 排烟设计

4.1 一般规定

4.1.1 建筑排烟系统的设计应根据建筑的使用性质、平面布局等因素,采用自然排烟方式或机械排烟方式,优先采用自然排烟方式。

4.1.2 设置排烟系统的场所或部位应采用挡烟垂壁及隔墙等划分防烟分区。防烟分区不应跨越防火分区。

4.1.3 防烟分区分隔设施的深度应满足下列储烟仓厚度的要求:

 1 当采用自然排烟方式时,储烟仓厚度不应小于空间净高的 20%,且不应小于 500 mm。

 2 当采用机械排烟方式时,储烟仓厚度不应小于空间净高的 10%,且不应小于 500 mm。

 3 对于有吊顶的空间,当吊顶开孔不均匀或开孔率小于 25% 时,吊顶内空间高度不得计入储烟仓厚度。

4.1.4 建筑防烟分区的最大允许面积及其长边最大允许长度应符合表 4.1.4 的规定;当工业建筑采用自然排烟系统时,其防烟分区的长边长度不应大于建筑内空间净高的 8 倍。

表 4.1.4 公共建筑、工业建筑防烟分区的最大允许
面积及其长边最大允许长度

空间净高 H(m)	最大允许面积(m²)	长边最大允许长度(m)
$H \leqslant 3.0$	500	24
$3.0 < H \leqslant 6.0$	1 000	36

空间净高 H(m)	最大允许面积(m²)	长边最大允许长度(m)
$H>6.0$	2 000	60 m; 具有自然对流条件时, 不应大于 75 m

注:1. 建筑中的走道宽度不大于2.5 m时,其防烟分区的长边长度不应大于60 m;
　　走道宽度大于2.5 m且不大于4 m时,其防烟分区的长边长度应按走道面
　　积不大于150 m²确定。当走道包括局部加宽的电梯厅等区域,其加宽后的
　　走道总面积不应大于180 m²,且防烟分区长边长度应按上述方法确定。
　2. 当空间净高大于9 m时,防烟分区之间可不设置挡烟设施。
　3. 汽车库防烟分区的划分及其排烟量应符合现行国家标准《汽车库、修车库、
　　停车场防火规范》GB 50067 的规定。

4.1.5 同一个防烟分区应采用同一种排烟方式。

4.1.6 设置排烟设施的建筑内,敞开楼梯和自动扶梯穿越楼板的开口部位应设置挡烟垂壁等设施。

4.1.7 建筑的中庭、与中庭相连通的回廊及周围场所的排烟系统的设计应符合下列要求:

　1 回廊排烟设施的设置应符合下列要求:

　　1)当周围场所各房间均设置排烟设施时,回廊可不设,但商店建筑的回廊应设置排烟设施;

　　2)当周围场所任一房间未设置排烟设施时,回廊应设置排烟设施。

　2 当中庭与周围场所未采用防火分隔(防火隔墙、防火玻璃隔墙、防火卷帘)时,中庭与周围场所之间应设置挡烟设施。

　3 与无回廊中庭相连的使用房间宜采用机械排烟方式。

　4 中庭及其周围场所和回廊的排烟设计计算应符合本标准第5.2.4条的规定。

4.2　自然排烟设施

4.2.1 采用自然排烟系统的场所应设置自然排烟窗(口)。

4.2.2 防烟分区内自然排烟窗(口)的面积、数量和位置应按本标准第 5.2.2 条的规定经计算确定,且防烟分区内任一点与最近的自然排烟窗(口)之间的水平距离不应大于 30 m。净高大于10.7 m 的工业建筑采用自然排烟方式时,该水平距离不应大于建筑内空间净高的 2.8 倍;当公共建筑空间净高大于等于 6 m 且具有自然对流条件时,该水平距离不应大于 37.5 m。

4.2.3 自然排烟窗(口)应设置在排烟区域的顶部或外墙上,并应符合下列要求:

1 自然排烟窗(口)应在储烟仓以内,但净高不大于 3 m 的区域(走道、室内空间),其自然排烟窗(口)可设置在室内净高的1/2 以上。

2 自然排烟窗(口)的开启形式应有利于火灾烟气的排出。

3 当房间面积不大于 200 m² 时,自然排烟窗(口)的开启方向可不限。

4 自然排烟窗(口)宜分散均匀布置,且每组的长度不宜大于 3.0 m。

5 设置在防火墙两侧的自然排烟窗(口)之间最近边缘的水平距离不应小于 2.0 m。

4.2.4 厂房、仓库的自然排烟窗(口)设置应符合下列要求:

1 当设置在外墙时,自然排烟窗(口)应沿建筑物的两条对边均匀设置。

2 当设置在屋顶时,自然排烟窗(口)应在屋面均匀设置且宜采用自动控制方式开启。当屋面斜度小于等于 12°时,每200 m² 的建筑面积应设置相应的自然排烟窗(口);当屋面斜度大于 12°时,每 400 m² 的建筑面积应设置相应的自然排烟窗(口)。

4.2.5 除本标准另有规定外,自然排烟窗(口)开启的有效面积尚应符合下列要求:

1 当采用开窗角大于 70°的悬窗时,其面积应按窗扇的面积计算;当开窗角小于 70°时,其面积应按窗扇最大开启时的水平投影面积计算。

2 当采用开窗角大于 70°的平开窗时,其面积应按窗扇的面积计算;当开窗角小于 70°时,其面积应按窗扇最大开启时的竖向投影面积计算。

3 当采用推拉窗时,其面积应按窗开启的最大开口面积计算。

4 当采用百叶窗时,其面积应按窗的有效开口面积计算。

5 当平推窗设置在顶部时,其面积可按窗的 1/2 周长与平推距离乘积计算,且不应大于窗面积。

6 当平推窗设置在外墙时,其面积可按窗的 1/4 周长与平推距离乘积计算,且不应大于窗面积。

4.2.6 自然排烟窗(口)应设置手动开启装置,设置在高位不便于直接开启的自然排烟窗(口),应设置距地面高度 1.3 m～1.5 m 的手动开启装置。净空高度大于 9 m 的中庭、建筑面积大于 2 000 m² 的营业厅、展览厅、多功能厅等场所,尚应设置集中手动开启装置和自动开启设施,且宜设置在该场所的人员疏散口附近。

4.3 机械排烟设施

4.3.1 建筑高度超过 50 m 的公共建筑和建筑高度超过 100 m 的住宅建筑,其排烟系统应竖向分段独立设置,且公共建筑每段服务高度不应超过 50 m,住宅建筑每段服务高度不应超过 100 m。

4.3.2 当建筑的机械排烟系统沿水平方向布置时,每个防火分区的机械排烟系统应独立设置。同一防火分区中的不同防烟分区共用一个排烟系统时,各防烟分区的排烟风管应分别设置;同一防火分区中的不同防火单元共用一个排烟系统时,该系统负担的防火单元不应超过 2 个。

4.3.3 建筑走道排烟设计应满足下列要求:

1 建筑高度小于等于 50 m 的公共建筑,其走道排烟系统可以与同一防火分区中的其他防烟分区合用一个排烟系统。

2 建筑高度大于 50 m、小于等于 100 m 的公共建筑,其走道机械排烟系统宜独立设置。

3 建筑高度大于 100 m 的公共建筑,其走道机械排烟系统应独立设置。

4.3.4 排烟系统与通风、空气调节系统应分开设置;当确有困难时,可以合用,但应符合排烟系统的要求,且当排烟口打开时,每个排烟合用系统的管道上需联动关闭的通风和空气调节系统的控制阀门不应超过 10 个。

4.3.5 排烟风机宜设置在排烟系统的最高处,烟气出口应高于加压送风机和补风机的进风口以及自然通风防烟方式楼梯间、前室的外窗或开口,二者垂直距离或水平距离应符合本标准第 3.3.5 条第 3 款的规定。

4.3.6 排烟风机应设置在专用机房内,除应符合本标准第 3.3.5 条第 4 款的规定外,还应符合下列规定:

1 机房内不得设置用于机械加压送风和排烟补风系统的风机与管道。

2 排烟风机与排烟管道的连接部件应满足 280℃时连续工作 30 min 的要求。

3 当排烟系统风机与通风风机、空调机组合用机房时,机房内应设置自动喷水灭火系统,排烟管道耐火极限应不小于 1.0 h。

4.3.7 排烟风机入口处应设置排烟防火阀。当该阀关闭时,应联锁关闭排烟风机。

4.3.8 除用于建筑物地下部分的室外排风竖井外,机械排烟系统应采用管道排烟,且不应采用土建风道。排烟管道应采用不燃材料制作且内壁应光滑。当排烟管道内壁为金属材料时,管道设计风速不应大于 20 m/s;当排烟管道内壁为非金属材料时,管道设计风速不应大于 15 m/s;排烟管道的厚度及制作应符合现行国家标准《通风与空调工程施工质量验收规范》GB 50243 高压风管系列的规定。

4.3.9 排烟管道的设置和耐火极限应符合下列要求：

1 排烟管道及连接部件应采用不燃材料制作，并应能在 280℃时连续运行 30 min，且保证其结构完整性。

2 竖向设置的排烟管道应设置在独立的管道井内；当多个排烟管道共井时，这些排烟管道耐火极限不应低于 0.5 h。

3 排烟管道不应与其他类型风管道设置在同一管道井内。

4 水平设置的排烟管道不得穿越避难间、疏散楼梯间及前室；当穿越其他防烟分区和其他防火分区时，其耐火极限不应低于 1.0 h；服务于本防烟分区或设置在设备用房、汽车库的排烟管道，其耐火极限不应低于 0.5 h。

4.3.10 当吊顶内有可燃物时，吊顶内的排烟管道的绝热层厚度应不小于 35 mm，并应与可燃物保持不小于 150 mm 的距离。

4.3.11 排烟管道的下列部位应设置排烟防火阀：

1 垂直管道与每层水平管道交接处的水平管段上。

2 一个排烟系统负担多个防烟分区时，每个防烟分区的排烟支管上。

3 排烟风机入口处。

4 穿越防火分区处。

4.3.12 设置排烟管道的管道井应采用耐火极限不小于 1.0 h 的隔墙与相邻区域分隔；当墙上必须设置检修门时，应采用乙级防火门。

4.3.13 防烟分区内任一点与最近的排烟口之间的水平距离不应大于 30 m。除本标准第 4.3.14 条规定的情况外，排烟口的设置尚应符合下列要求：

1 排烟口应设在储烟仓内，且应设置在储烟仓的高位。

2 净高不大于 3 m 的区域（走道、室内空间），其排烟口可设置在其净空高度的 1/2 以上；当设置在侧墙时，顶棚与排烟口上边缘的距离不应大于 0.2 m。

3 对于需要设置机械排烟系统的房间,当其建筑面积小于 50 m² 时,可通过走道排烟,排烟口可设置在疏散走道上,排烟量应按本标准第 5.2.2 条第 3 款计算。

4 需由火灾自动报警系统联动开启排烟区域的排烟阀或排烟口,应在现场设置手动开启装置。

5 排烟口的设置宜使烟流方向与人员疏散方向相反,排烟口与本区域疏散出口相邻边缘之间的水平距离不应小于 1.5 m。

6 汽车库空间净高大于 3.8 m、办公空间净高大于 3.2 m 和其他需排烟的空间净高大于 3 m 时,每个排烟口的排烟量不应大于最大允许排烟量。最大允许排烟量应按本标准第 5.2.14 条计算确定。

7 排烟口的风速不宜大于 10 m/s。

8 同一防烟分区中两个排烟口边缘间的最小距离 S_{min} 应满足本标准第 5.2.15 条的要求。

4.3.14 当排烟口设在吊顶内且通过吊顶上部空间进行排烟时,应符合下列规定:

1 吊顶应采用不燃材料,且吊顶内不应有可燃物。

2 封闭式吊顶上设置的烟气流入口的颈部烟气速度不宜大于 1.5 m/s。

3 非封闭式吊顶的开孔率不应小于吊顶净面积的 25%,且吊顶开孔应均匀布置。

4.4 补风系统

4.4.1 除地上建筑的走道或地上建筑面积小于 500 m² 的房间外,设置排烟系统的场所应设置补风系统。

4.4.2 补风系统应直接从室外引入空气,且补风量不应小于排烟量的 50%。

4.4.3 补风系统的室外取风口的设置应满足本标准第 3.3.5 条

第 1、3 款的规定。

4.4.4 补风系统可采用疏散外门、手动或自动可开启外窗等自然进风方式以及机械送风方式。防火门、防火窗不得用作补风设施。补风机的设置应满足本标准第 3.3.5 条第 3～5 款的要求。

4.4.5 自然排烟系统应采用自然通风方式补风。

4.4.6 补风口与排烟口设置在同一空间内相邻的防烟分区时,补风口位置不限;当补风口与排烟口设置在同一防烟分区时,补风口应设在储烟仓下沿以下,且补风口与排烟口水平距离不应少于 5 m;当补风口低于排烟口垂直距离大于 5 m 时,水平距离不作限制。

4.4.7 机械补风系统应与机械排烟系统对应设置,并应联动开启或关闭。

4.4.8 机械补风口的风速不宜大于 10 m/s,人员密集场所补风口的风速不宜大于 5 m/s,自然补风口的风速不宜大于 3 m/s。

4.4.9 补风管道耐火极限要求应符合本标准第 3.3.8 条的规定。

4.4.10 补风管道上应设置公称动作温度为 70℃ 的防火阀,其设置部位应按现行国家标准《建筑设计防火规范》GB 50016 的要求执行。

5 防排烟系统设计计算

5.1 防烟系统设计计算

5.1.1 防烟楼梯间、独立前室、合用前室和消防电梯前室的机械加压送风的计算风量应按本标准第 5.1.5～5.1.8 条的规定计算确定。当符合下表条件时,可按下列规定方法确定:

1 公共建筑中,当系统负担建筑高度大于 24 m 时,加压送风量可按计算值与表 5.1.1-1～表 5.1.1-4 中的较大值确定。

表 5.1.1-1　消防电梯前室加压送风的计算风量

系统负担高度 h(m)	加压送风量(m³/h)
24＜h≤50	35 400～37 100
50＜h≤100	37 300～40 200

表 5.1.1-2　楼梯间自然通风,独立前室、合用
前室加压送风的计算风量

系统负担高度 h(m)	加压送风量(m³/h)
24＜h≤50	42 400～44 900
50＜h≤100	45 200～48 600

表 5.1.1-3　前室不送风,封闭楼梯间、防烟楼梯间
加压送风的计算风量

系统负担高度 h(m)	加压送风量(m³/h)
24＜h≤50	36 100～39 600
50＜h≤100	40 000～45 800

表 5.1.1-4　防烟楼梯间及合用前室分别加压送风的计算风量

系统负担高度 h(m)	送风部位	加压送风量(m³/h)
$24<h\leqslant50$	楼梯间	25 300～27 800
	合用前室	24 800～26 000
$50<h\leqslant100$	楼梯间	28 100～32 200
	合用前室	26 100～28 100

注：1. 表 5.1.1-1～表 5.1.1-4 的风量按每层开启 1 个 2.00 m×1.60 m 的双扇门
　　　确定。当采用单扇门时，其风量可乘以系数 0.75；不符合时，应重新计算
　　　确定。

　　2. 表中风量按开启着火层及其上下两层，共开启三层的风量计算。

　　3. 表中风量的选取应按建筑高度或层数、风道材料、防火门漏风量等因素综
　　　合确定。

2　住宅建筑中，加压送风量可按计算值与表 5.1.1-5 中的较
大值确定。

表 5.1.1-5　住宅建筑加压送风的计算风量

工况	加压送风条件	系统负担高度 h(m)	加压送风量(m³/h)
1	消防电梯前室送风	$24<h\leqslant50$	8 100～9 300
		$50<h\leqslant100$	9 400～11 300
2	独立前室、合用前室送风（楼梯间自然通风）	$24<h\leqslant50$	9 700～11 100
		$50<h\leqslant100$	11 300～13 600
3	楼梯间送风（前室不送风）	$24<h\leqslant50$	16 800～20 600
		$50<h\leqslant100$	27 800～34 000
4	防烟楼梯间送风	$24<h\leqslant50$	13 900～16 700
		$50<h\leqslant100$	23 900～28 200
	独立前室、合用前室送风	$24<h\leqslant50$	5 700～6 500
		$50<h\leqslant100$	6 600～7 900

注：1. 表 5.1.1-5 的风量按每层开启 1 个 2.00 m×1.00 m 单扇门确定；不符合时，
　　　应重新计算确定。

　　2. 表中风量，楼梯间高度在 50 m 及以下开启 2 层，50 m 以上开启 3 层；前室
　　　门均按开启 1 层的风量计算。

　　3. 当住宅楼建筑高度与列表中不相符时，可按线性插入法取值。

5.1.2 采用机械加压送风的扩大前室、封闭避难层(间)和避难走道的加压送风量应满足下列要求:

    1 封闭避难层(间)、避难走道的机械加压送风量应按避难层(间)、避难走道的净面积每平方米不小于 30 m³/h 计算。避难走道前室的送风量应按直接开向前室的疏散门的总断面积乘以 1.0 m/s 门洞断面风速计算。

    2 首层扩大前室加压送风量应按前室疏散门的总断面积乘以 0.6 m/s 门洞断面风速计算,但直接开向扩大前室的疏散门的总开启面积不应超过 13 m²。

5.1.3 机械加压送风系统的设计风量不应小于计算风量的 1.2 倍。

5.1.4 机械防烟系统的加压送风量应满足以下要求:

    1 当疏散门未开启时,应满足走廊、前室、楼梯间的压力呈递增分布,余压值应符合下列要求:

        1) 疏散层前室、封闭避难层(间)、封闭楼梯间与走道之间的压差应为 25 Pa～30 Pa;

        2) 防烟楼梯间与走道之间的压差应为 40 Pa～50 Pa。

    2 疏散门开启时,应保证抵御烟气进入的门洞断面风速。

5.1.5 楼梯间或前室的机械加压送风量应按下列公式计算:

$$L_j = L_1 + L_2 \qquad (5.1.5\text{-}1)$$

$$L_s = L_1 + L_3 \qquad (5.1.5\text{-}2)$$

式中:L_j——楼梯间的机械加压送风量(m^3/s);

    L_s——前室的机械加压送风量(m^3/s);

    L_1——门开启时,达到规定风速值所需的送风量(m^3/s);

    L_2——门开启时,规定门洞风速值下其他门缝漏风总量(m^3/s);

    L_3——未开启的常闭送风阀的漏风总量(m^3/s)。

5.1.6 门开启时,达到规定门洞断面风速值所需的送风量应按下

式计算:

$$L_1 = A_k v N_1 \qquad (5.1.6)$$

式中:A_k——一层内开启门的截面面积(m^2),对于住宅楼梯的前室,按一个门的面积取值;

v——门洞断面风速(m/s):

1) 当楼梯间和独立前室、合用前室、共用前室均采用机械加压送风时,通向楼梯间和上述前室疏散门的门洞计算断面风速不应小于 0.7 m/s;

2) 当楼梯间采用机械加压送风、只有一个开启门的独立前室不送风,或封闭楼梯间机械加压送风时,通向楼梯间疏散门的门洞计算断面风速不应小于 1.0 m/s;

3) 当消防电梯前室采用机械加压送风时,通向消防电梯前室门的门洞计算断面风速不应小于 1.0 m/s;

4) 当独立前室、合用前室或共用前室机械加压送风且楼梯间采用可开启外窗的自然通风系统时,通向独立前室、合用前室或共用前室疏散门的门洞风速不应小于 $0.6(A_1/A_g+1)$ m/s;A_1 为一层楼梯间疏散门的总面积(m^2);A_g 为一层前室疏散门的总面积(m^2),住宅前室按一个门的面积取值。

N_1——设计疏散门开启的楼层数:

1) 公共建筑:当地上楼梯间(包括前室)为 24 m 及以下时,设计 2 层内的疏散门开启,取 $N_1=2$;当地上楼梯间(包括前室)为 24 m 以上时,设计 3 层内的疏散门开启,取 $N_1=3$。地下楼梯间(包括前室)时,设计 3 层内的疏散门开启,取 $N_1=3$;不足 3 层时取实际楼层数。当地下仅为汽车库、非机动车库和设备用房时,取 $N_1=1$。

2) 住宅建筑:楼梯间,高度在 50 m 及以下 $N_1=2$;50 m 以上 $N_1=3$;前室,$N_1=1$。

5.1.7 门开启时,规定风速值下的其他门漏风总量应按下式计算:

$$L_2 = 0.827 \times A \times \Delta P^{\frac{1}{n}} \times 1.25 \times N_2 \qquad (5.1.7)$$

式中:A——每个疏散门的有效漏风面积(m^2);疏散门的门缝宽度取 0.002 m～0.004 m。

ΔP——计算漏风量的平均压力差(Pa);当开启门洞处风速为 0.7 m/s 时,取 $\Delta P = 6.0$ Pa;当开启门洞处风速为 1.0 m/s 时,取 $\Delta P = 12.0$ Pa。

n——指数,一般取 $n = 2$。

1.25——不严密处附加系数。

N_2——漏风疏散门的数量:楼梯间采用常开风口,取 $N_2 =$ 加压楼梯间的总门数 $- N_1$ 楼层数上的总门数。

5.1.8 未开启的常闭送风阀的漏风总量应按下式计算:

$$L_3 = 0.083 \times A_f N_3 \qquad (5.1.8)$$

式中:A_f——单个送风阀门的面积(m^2);

0.083——阀门单位面积的漏风量($m^3/(s \cdot m^2)$);

N_3——漏风阀门的数量:前室采用常闭风口取 $N_3 =$ 楼层数 $-$ 开启风阀的楼层数。

5.1.9 疏散门的最大允许压力差应按下列公式计算:

$$P = 2(F' - F_{dc})(W_m - d_m)/(W_m \times A_m) \qquad (5.1.9\text{-}1)$$

$$F_{dc} = M/(W_m - d_m) \qquad (5.1.9\text{-}2)$$

式中:P——疏散门的最大允许压力差(Pa);

A_m——门的面积(m^2);

d_m——门的把手到门闩的距离(m);

M——闭门器的开启力矩(N·m);

F'——门的总推力(N),一般取 110 N;

F_{dc}——门把手处克服闭门器所需的力(N);

W_m——单扇门的宽度(m)。

5.2 排烟系统设计计算

5.2.1 净高大于 3 m 的走道或室内空间,储烟仓底部距地面的高度应不低于安全疏散所需的最小清晰高度。设计烟层底部高度不应低于储烟仓底部高度。

5.2.2 一个防烟分区的计算排烟量应根据场所内的热释放速率、设计烟层底部高度,按以下规定确定:

1 公共建筑、工业建筑中面积小于等于 300 m² 的场所,其排烟量不应小于 60 m³/(h·m²),最小排烟量不应小于 15 000 m³/h;或设置有效面积不小于该房间地面面积 2% 的排烟窗;地下自然排烟房间须设置不小于排烟窗面积 50% 的自然补风口。

2 公共建筑、工业建筑中面积大于 300 m² 的场所,其计算机械排烟量可按本标准第 5.2.6～5.2.12 条的规定计算确定,最小排烟量不应小于 30 000 m³/h,或按表 5.2.2 中的数值选取;当采用自然排烟窗时,其所需排烟量及有效补风面积、排烟面积等应根据本标准第 5.2.6～5.2.13 条计算。

表 5.2.2　公共建筑、工业建筑中不同场所计算机械排烟量

空间净高 (m)	办公、学校 (×10⁴m³/h)		商店、展览 (×10⁴m³/h)		厂房、其他公共建筑 (×10⁴m³/h)		仓库 (×10⁴m³/h)	
	无喷淋	有喷淋	无喷淋	有喷淋	无喷淋	有喷淋	无喷淋	有喷淋
3.0	7.8	2.7	12.0	4.5	9.9	3.9	21.6	5.6
4.0	9.3	3.4	13.9	5.4	11.6	4.8	24.5	6.8
5.0	10.7	4.3	15.9	6.6	13.3	5.9	27.5	8.0
6.0	12.2	5.2	17.6	7.8	15.0	7.0	30.1	9.3
7.0	13.9	6.3	19.6	9.1	16.8	8.2	32.8	10.8
8.0	15.8	7.4	21.8	10.6	18.9	9.6	35.4	12.4
9.0	17.8	8.7	24.2	12.2	21.1	11.1	38.5	14.2

注:1. 建筑空间净高低于 3.0 m 的,按 3.0 m 取值;建筑空间净高高于 9.0 m 的,按 9.0 m 取值;建筑空间净高位于表中两个高度之间的,按线性插值法取值。
　　2. 表中储烟仓高度按 0.1H 选用,且不小于 500 mm。

3 当公共建筑具有未设置排烟的房间,其走道或回廊设置排烟时,该机械排烟量不应小于 13 000 m³/h,或在走道两端(侧)均设置面积不小于 2 m² 的可开启外窗,且两侧排烟窗的距离不应小于走道长度的 2/3。

4 当公共建筑房间内与走道或回廊均设置排烟时,走道或回廊的机械排烟量可按 60 m³/(m²·h)计算且不应小于 13 000 m³/h,或设置有效面积不小于走道、回廊地面面积 2% 的自然排烟窗(口)。

5 采用机械排烟方式首层公共建筑疏散楼梯的扩大前室,净高大于 3.6 m 时,其设计烟层底部高度 Z 应满足下式要求:

$$Z \geqslant 2.0 + 0.2H \qquad (5.2.2)$$

式中:H——排烟空间的室内净高(m)。

5.2.3 排烟系统排烟量的计算应符合下列规定:

1 同一防火分区中,应将面积均小于等于 300 m² 的两相邻防烟分区排烟量之和的最大值作为一个独立防烟分区的排烟量。

2 除中庭外,当一个排烟系统担负多个防烟分区排烟时,其系统计算排烟量应采用该系统中最大独立防烟分区的排烟量。

3 一个排烟系统负担多个防火分区排烟时,应按排烟量最大的一个防火分区的排烟量计算。

4 当走道与同一防火分区的其他防烟分区合用排烟系统时,该系统的排烟量应将走道排烟量叠加。

5.2.4 中庭排烟量的设计计算应符合下列规定:

1 中庭周围场所设有排烟系统时,中庭排烟量不应小于 107 000 m³/h 且不小于周围场所防烟分区中最大排烟量的 2 倍。

2 除商业建筑外,中庭周围场所不需要设置排烟系统,仅在回廊设置排烟系统时,回廊的排烟量不应小于 13 000 m³/h,中庭的排烟量不应小于 40 000 m³/h。

3 中庭排烟量应按本标准第 5.2.6～5.2.12 条进行计算,并应满足本条第 1 款或第 2 款的最小排烟量要求。中庭采用自然排烟方式时,应按本标准第 5.2.13 条计算有效开窗面积。

5.2.5 机械排烟系统的设计风量不应小于该系统计算风量的 1.2 倍。

5.2.6 各类场所的火灾热释放速率可按本标准第 5.2.9 条的规定计算,且不应小于表 5.2.6 规定的值。室内设置自动喷水灭火系统(简称喷淋)的场所,当室内净高过高,无法实施有效喷淋时,应按无喷淋场所对待。

表 5.2.6　火灾达到稳态时的热释放速率

建筑类别或场所	喷淋设置情况	热释放速率 Q(MW)
办公室、教室、客房、走道	无喷淋	6.0
	有喷淋	1.5
商店、展览	无喷淋	10.0
	有喷淋	3.0
其他公共场所	无喷淋	8.0
	有喷淋	2.5
中庭	无喷淋	4.0
	有喷淋	1.0
汽车库	无喷淋	3.0
	有喷淋	1.5
厂房	无喷淋	8.0
	有喷淋	2.5
仓库	无喷淋	20.0
	有喷淋	4.0

5.2.7 当储烟仓的烟层与周围空气温差小于 8℃时,应通过降低烟层底部高度等措施重新调整排烟设计。

5.2.8 走道、室内空间的最小清晰高度应按下式计算:

$$H_q = 1.6 + 0.1H \qquad (5.2.8)$$

式中:H_q——最小清晰高度(m);

H——对于单层空间,取排烟空间的建筑净高度(m);对于多层空间,取最高疏散楼层的层高(m)。

5.2.9 火灾热释放速率应按下式计算:

$$Q = \alpha \cdot t^2 \qquad (5.2.9)$$

式中:Q——热释放速率(kW);

t——火灾增长时间(s);

α——火灾增长系数(按表 5.2.9 取值)(kW/s²)。

表 5.2.9 火灾增长系数

火灾类别	典型的可燃材料	火灾增长系数(kW/s²)
慢速火	硬木家具	0.00278
中速火	棉质、聚酯垫子	0.011
快速火	装满的邮件袋、木制货架托盘、泡沫塑料	0.044
超快速火	池火、快速燃烧的装饰家具、轻质窗帘	0.178

5.2.10 烟羽流质量流量计算宜符合下列规定:

1 轴对称型烟羽流

当 $Z > Z_1$ $M_\rho = 0.071 Q_c^{\frac{1}{3}} Z^{\frac{5}{3}} + 0.001\,8Q_c \qquad (5.2.10\text{-}1)$

$Z \leqslant Z_1$ $M_\rho = 0.032 Q_c^{\frac{3}{5}} Z \qquad (5.2.10\text{-}2)$

$Z_1 = 0.166 Q_c^{\frac{2}{5}} \qquad (5.2.10\text{-}3)$

式中:Q_c——热释放速率的对流部分,一般取值为 $0.7Q$(kW);

Z——燃料面到设计烟层底部的高度(高度应不低于最小清晰高度)(m);

Z_1——火焰极限高度(m);

M_ρ——烟羽流质量流量(kg/s)。

2 阳台溢出型烟羽流

$$M_\rho = 0.36(QW^2)^{\frac{1}{3}}(Z_b + 0.25H_1) \qquad (5.2.10\text{-}4)$$

$$W = w + b \qquad (5.2.10\text{-}5)$$

式中：H_1——燃料面至阳台的高度（m）；

Z_b——从阳台下缘至烟层底部的高度（m）；

W——烟羽流扩散宽度（m）；

w——火源区域的开口宽度（m）；

b——从开口至阳台边沿的距离（m），$b \neq 0$。

3 窗口型烟羽流

$$M_\rho = 0.68(A_w H_w^{\frac{1}{2}})^{\frac{1}{3}}(Z_w + \alpha_w)^{\frac{5}{3}} + 1.59 A_w H_w^{\frac{1}{2}} \qquad (5.2.10\text{-}6)$$

$$\alpha_w = 2.4 A_w^{\frac{2}{5}} H_w^{\frac{1}{5}} - 2.1 H_w \qquad (5.2.10\text{-}7)$$

式中：A_w——窗口开口的面积（m²）；

H_w——窗口开口的高度（m）；

Z_w——窗口开口的顶部到烟层底部的高度（m）；

α_w——窗口型烟羽流的修正系数（m）。

5.2.11 烟层平均温度与环境温度的差应按下式计算：

$$\Delta T = K Q_c / M_\rho C_p \qquad (5.2.11)$$

式中：ΔT——烟层平均温度与环境温度的差（K）；

C_p——空气的定压比热，一般取 1.01 [kJ/(kg·K)]；

K——烟气中对流放热量因子。在计算排烟的体积流量时，取 1.0。

5.2.12 单个排烟分区的排烟量应按下列公式计算：

$$V = M_\rho T / \rho_0 T_0 \qquad (5.2.12\text{-}1)$$

$$T = T_0 + \Delta T \qquad (5.2.12\text{-}2)$$

式中：V——排烟量（m³/s）；

ρ_0——环境温度下的气体密度(kg/m³),通常 $T_0=293.15$ K,
　　　　$\rho_0=1.2$ kg/m³;

T_0——环境的绝对温度(K);

T——烟层的平均绝对温度(K)。

5.2.13 采用自然排烟方式所需自然排烟窗(口)截面积宜按下式计算:

$$A_v C_v = \frac{M_\rho}{\rho_0}\left[\frac{T^2+(A_v C_v/A_0 C_0)^2 T T_0}{2g d_b \Delta T T_0}\right]^{\frac{1}{2}} \quad (5.2.13)$$

式中:A_v——自然排烟窗(口)截面积(m²);

A_0——所有进气口总面积(m²);

C_v——自然排烟窗(口)流量系数(通常选定在 0.5~0.7 之间);

C_0——进气口流量系数(通常约为 0.6);

g——重力加速度(m/s²)。

注:公式中 $A_v C_v$ 在计算时应采用试算法。

5.2.14 机械排烟系统中,单个排烟口的最大允许排烟量 V_{max} 宜按式(5.2.14)计算;当采用顶排烟口时,可按本标准附录 A 选取;

$$V_{max}=4.16\gamma \cdot d_b^{\frac{5}{2}}\left(\frac{T-T_0}{T_0}\right)^{\frac{1}{2}} \quad (5.2.14)$$

式中:V_{max}——排烟口最大允许排烟量(m³/s)。

γ——排烟位置系数。当风口中心点到最近墙体的距离大于等于 2 倍的排烟口当量直径时,γ 取 1.0;当风口中心点到最近墙体的距离小于 2 倍的排烟口当量直径时,γ 取 0.5;当风口位于墙体上时,γ 取 0.5。

d_b——排烟系统吸入口最低点之下烟气层厚度(m)。

T——烟层的平均绝对温度(K)。

T_0——环境的绝对温度(K)。

5.2.15 同一防烟分区中两排烟口边缘间的最小距离应按下式计算：

$$S_{min} = 0.9V_e^{0.5} \qquad (5.2.15)$$

式中：S_{min}——两排烟口边缘间的最小距离(m)；

V_e——单个排烟口的排烟量(m³/s)。

6 防排烟系统控制

6.1 防烟系统

6.1.1 机械加压送风系统应与火灾自动报警系统联动,其联动控制应符合现行国家标准《火灾自动报警系统设计规范》GB 50116的有关规定。

6.1.2 加压送风机的启动应满足下列要求:

1 现场手动启动。

2 通过火灾自动报警系统自动启动。

3 消防控制室手动启动。

4 系统中任一常闭加压送风口开启时,加压风机应能自动启动。

6.1.3 当防火分区内火灾确认后,应能在15 s内联动开启常闭加压送风口和加压送风机。并应满足下列要求:

1 应开启该防火分区楼梯间的全部加压送风机和相应避难层的加压送风机。

2 公共建筑、工业建筑应开启该防火分区内着火层及其设计要求相邻层的前室或合用前室的常闭送风口,同时开启加压送风机;住宅建筑应开启着火层前室或合用前室的常闭送风口,同时开启加压送风机。

3 应开启该防火分区疏散楼梯间对应的独立设置的首层扩大前室防烟系统设施(加压送风机及送风口、自然通风窗);当扩大前室采用机械排烟方式时,应根据烟感信号开启排烟系统设施(排烟风机及排烟口)。

4 应开启该防火分区的避难间或避难走道及其前室的加压送风系统。

6.1.4 机械加压送风系统宜设有测压装置及风压调节措施。

6.1.5 消防控制设备应显示防烟系统的送风机、阀门等设施启闭状态。

6.2 排烟及补风系统

6.2.1 机械排烟系统应与火灾自动报警系统联动,其联动控制应符合现行国家标准《火灾自动报警系统设计规范》GB 50116 的有关规定。

6.2.2 排烟风机、补风机的控制方式,应满足下列要求:

1 现场手动启动。

2 火灾自动报警系统自动启动。

3 消防控制室手动启动。

4 系统中任一排烟阀或排烟口开启时,排烟风机、补风机自动启动,相对应的补风口自动开启。

5 排烟风机入口前的排烟防火阀在 280℃时应自行关闭,并应连锁关闭该排烟风机和补风机。

6.2.3 机械排烟系统中的常闭排烟阀或排烟口应具有火灾自动报警系统自动开启、消防控制室手动开启和现场手动开启功能,其开启信号应与排烟风机联动。当火灾确认后,火灾自动报警系统应在 15 s 内联动开启相应防烟分区的全部排烟阀、排烟口、排烟风机和补风设施,并应在 30 s 内自动关闭与排烟无关的通风、空调系统。

6.2.4 当火灾确认后,担负两个及以上防烟分区的排烟系统,应仅打开着火防烟分区的排烟阀或排烟口,其他防烟分区的排烟阀或排烟口应呈关闭状态。

6.2.5 活动挡烟垂壁应具有火灾自动报警系统自动启动和现场

手动启动功能。当火灾确认后,火灾自动报警系统应在 15 s 内联动相应防烟分区的全部活动挡烟垂壁,60 s 内挡烟垂壁应开启到位。

6.2.6 自动排烟窗可采用与火灾自动报警系统联动或温度释放装置联动的控制方式。当采用与火灾自动报警系统联动控制时,自动排烟窗应在 60 s 内或小于烟气充满储烟仓时间内开启完毕。带有温控功能自动排烟窗,其温控释放温度应大于环境温度 30℃且小于 100℃。

6.2.7 消防控制设备应显示排烟系统的排烟风机、补风机、阀门等设施启闭状态。

附录 A   顶排烟口最大允许排烟量

表 A   顶排烟口最大允许排烟量   ($\times 10^4 \mathrm{m^3/h}$)

热释速率(MW)	房间净高(m) 排烟口下烟层厚度(m)	3	3.5	4	4.5	5	6	7	8	9
1.5	0.5	0.22	0.20	0.18	0.17	0.15	—	—	—	—
	0.7	0.53	0.48	0.43	0.40	0.36	0.31	0.28	—	—
	1.0	1.38	1.24	1.12	1.02	0.93	0.80	0.70	0.63	0.56
	1.5	—	3.81	3.41	3.07	2.80	2.37	2.06	1.82	1.63
2.5	0.5	0.24	0.22	0.20	0.19	0.17	—	—	—	—
	0.7	0.59	0.53	0.49	0.45	0.42	0.36	0.32	—	—
	1.0	1.53	1.37	1.25	1.15	1.06	0.92	0.81	0.73	0.66
	1.5	—	4.22	3.78	3.45	3.17	2.72	2.38	2.11	1.91
3	0.5	0.25	0.23	0.21	0.20	0.18	—	—	—	—
	0.7	0.61	0.55	0.51	0.47	0.44	0.38	0.34	—	—
	1.0	1.59	1.42	1.30	1.20	1.11	0.97	0.85	0.77	0.70
	1.5	—	4.38	3.92	3.58	3.31	2.85	2.50	2.23	2.01
4	0.5	0.27	0.24	0.23	0.21	0.20	—	—	—	—
	0.7	0.64	0.58	0.54	0.50	0.47	0.41	0.37	—	—
	1.0	1.68	1.51	1.37	1.27	1.18	1.04	0.92	0.83	0.76
	1.5	—	4.64	4.15	3.79	3.51	3.05	2.69	2.41	2.18
6	0.5	0.29	0.26	0.24	0.23	0.22	—	—	—	—
	0.7	0.70	0.63	0.58	0.54	0.51	0.45	0.41	—	—
	1.0	1.83	1.63	1.49	1.38	1.29	1.14	1.03	0.93	0.85
	1.5	—	5.03	4.50	4.11	3.80	3.35	2.98	2.69	2.44

续表A

热释速率（MW）	房间净高(m) 排烟口下烟层厚度(m)	3	3.5	4	4.5	5	6	7	8	9
8	0.5	0.31	0.28	0.26	0.24	0.23	—	—	—	—
	0.7	0.74	0.67	0.62	0.58	0.54	0.48	0.44	—	—
	1.0	1.93	1.73	1.58	1.46	1.37	1.22	1.10	1.00	0.92
	1.5	—	5.33	4.77	4.35	4.03	3.55	3.19	2.89	2.64
10	0.5	0.32	0.29	0.27	0.25	0.24	—	—	—	—
	0.7	0.77	0.70	0.65	0.60	0.57	0.51	0.46	—	—
	1.0	2.02	1.81	1.65	1.53	1.43	1.28	1.16	1.06	0.97
	1.5	—	5.57	4.98	4.55	4.21	3.71	3.36	3.05	2.79
20	0.5	0.37	0.34	0.31	0.29	0.27	—	—	—	—
	0.7	0.89	0.81	0.74	0.69	0.65	0.59	0.54	—	—
	1.0	2.32	2.08	1.90	1.76	1.64	1.47	1.34	1.24	1.15
	1.5	—	6.40	5.72	5.23	4.84	4.27	3.86	3.55	3.30

注：1. 本表仅适用于排烟口设置于建筑空间顶部，且排烟口中心点至最近墙体的距离大于等于2倍排烟口当量直径的情形。当小于2倍或排烟口设于侧墙时，应按表中的最大允许排烟量减半。

2. 本表仅列出了部分火灾热释放速率、部分空间净高、部分设计烟层厚度条件下，排烟口的最大允许排烟量。

3. 对于不符合上述两条所述情形的工况，应按实际情况按本标准第5.2.14条的规定进行计算。

本标准用词说明

1 为便于在执行本标准条文时区别对待,对要求严格程度不同的用词说明如下:

　1)表示很严格,非这样做不可的用词:
　　正面词采用"必须";
　　反面词采用"严禁"。

　2)表示严格,在正常情况下均应这样做的用词:
　　正面词采用"应";
　　反面词采用"不应"或"不得"。

　3)表示允许稍有选择,在条件许可时首先应这样做的用词:
　　正面词采用"宜";
　　反面词采用"不宜"。

　4)表示有选择,在一定条件下可以这样做的用词,采用"可"。

2 条文中指明应按其他有关标准执行的写法为"应符合……的规定"或"应按……执行"。

引用标准名录

1 《建筑设计防火规范》GB 50016
2 《建筑防烟排烟系统技术标准》GB 51251
3 《汽车库、修车库、停车库设计防火规范》GB 50067
4 《自动喷水灭火系统设计规范》GB 50084
5 《火灾自动报警系统设计规范》GB 50116
6 《通风与空调工程施工质量验收规范》GB 50243

上海市工程建设规范

建筑防排烟系统设计标准

DG/TJ 08—88—2021
J 10035—2021

条文说明

2021 上海

目　次

Contents

1 总 则

1.0.1 建筑物中存在较多的可燃物,这些可燃物在燃烧过程中,会产生大量热量和有毒烟气,同时要消耗大量的氧气,对人体伤害极大,致死率高。为了及时排除烟气,保障建筑内人员的安全疏散和消防救援的展开,合理设置防烟、排烟系统,制定本标准是十分必要的。

1.0.2 本条规定了适用本标准的建筑类型和范围。新建、扩建和改建的民用建筑和工业建筑,当设置防烟排烟系统时,均要求按本标准的规定进行设计。对于部分有特殊用途或特殊要求的工业建筑和民用建筑,一些特殊性的措施和要求可按国家相关专业标准执行,但本标准中的通用性条文仍可参照执行。本标准不适用于危化品仓库、军事设施、化工产品建筑等。

1.0.3 本条规定了执行本标准应遵循的基本原则。火灾烟气发展规律与火灾规模、建筑的高度、结构、是否设置自动灭火系统等密切相关,故在设计防烟、排烟系统时应综合考虑各因素的相互关联和影响,以达到安全可靠的设计目的。在安全可靠的前提下,要求做到合理有效、科学可靠、经济合理。

1.0.4 随着科技的不断进步,新技术、新系统、新设备必然不断出现,当采用的技术措施不符合本标准的规定时,应提出合理的技术依据。

1.0.5 本标准是根据上海地区的具体情况进行编制的。在执行时,如果本标准有规定的,按本标准执行;如果本标准无明确规定或规定不具体时,应按国家现行有关标准执行。建筑防排烟系统除了合理设置防烟、排烟系统外,还应规范系统的施工、调试、验收及维护保养;由于现行国家标准《建筑防烟排烟系统技术标准》GB 51251 中的施工、调试、验收及维护保养内容已相当完整,因此这部分内容应按照该标准执行。

2 术语和符号

2.1 术　语

2.1.1 为了区别中庭与高大空间之间的差异，本条强调中庭的二层或二层以上部分的周边一定是有连通的使用场所或回廊。如果周边使用场所采用固定的防火分隔与贯通空间分隔，那么，这个贯通空间就成为一个高大空间；如果周边使用场所采用活动防火卷帘与贯通空间分隔，平时使用时仍然是连通的，那么，这个贯通空间也称为中庭。

2.1.2 围绕中庭设置的回廊并不一定形成"回"字，实际上，有一面设置，也有多面设置，都称之为回廊。

2.1.7 可开启外窗面积是指外窗可开启部分的面积，固定窗框属于不可开启部分，故不能计入面积中。

2.1.8 可开启外窗的有效面积的计算方法可以按照排烟窗有效开启面积的计算方法。

3 防烟设计

3.1 一般规定

3.1.1 本条是判断建筑物采用防烟系统形式的原则要求。但在判断高层建筑的裙房或裙楼时,应按以下原则判定:与高层建筑主体之间未采用防火墙和甲级防火门进行分隔的裙房或裙楼,其防烟系统的设置应符合相应高层建筑的要求;与高层建筑主体之间采用防火墙和甲级防火门进行分隔的裙房或裙楼,其防烟系统的设置按照裙房或裙楼的实际建筑高度确定。

3.1.2 对于高度较高的建筑,其自然通风效果受建筑本身的密闭性以及自然环境中风向、风压的影响较大,难以保证防烟效果,故本标准对于建筑高度大于 50 m 的公共建筑、工业建筑和建筑高度大于 100 m 的住宅建筑要求采用机械加压送风来保证防烟效果。

3.1.3 对于建筑高度小于等于 50 m 的公共建筑、工业建筑和建筑高度小于等于 100 m 的住宅建筑,由于这些建筑受室外风压作用影响较小,利用建筑本身的自然采光和通风,也可基本起到防止烟气积聚安全区域的作用,因此,建议防烟楼梯间、前室、合用前室均采用自然通风方式的防烟系统,简便易行。当楼梯间、前室、合用前室不能采用自然通风方式时,其设计应根据各自的通风条件,选用本标准给出的相应的机械加压送风方式。

3.1.5 采用自然通风方式的防烟系统,简便易行,可靠性好,有条件时应优先采用。

　　1 当采用全敞开的凹廊、阳台作为防烟楼梯间的前室、合用前室,或者防烟楼梯间前室、合用前室具有两个不同朝向的可开启外窗,且每个可开启窗有效面积均符合本标准第3.2.2条的规定时,可以认为前室、合用前室自然通风性能优良,能及时排出从走道漏入前室、合用前室的烟气并可防止烟气进入防烟楼梯间,因此,可以仅在前室设置防烟设施,楼梯间不设。

2 在一些建筑中,楼梯间设有满足自然通风的可开启外窗,但其前室无外窗或外窗不符合自然通风防烟条件,要使烟气不进入防烟楼梯间,前室必须设置机械加压送风系统。本条对送风口的位置提出严格要求,要求送风的气流不被阻挡且不朝向楼梯间入口,其目的是为了形成有效正压或阻挡烟气进入的气流。若不符合上述规定,其楼梯间就必须设置机械加压送风系统。需要说明的是,有些不合理设计应绝对避免,如图1所示:图(a)前室加压送风口设置在前室门的背后,门开启会被阻挡;图(b)送风口设置的位置使得前室加压送风气流通过门流向楼梯间;图(c)前室顶送风口太靠近楼梯间疏散门,大量的风被送进楼梯间。

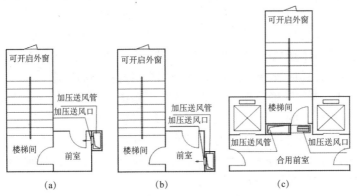

图1 设置不合理的加压送风口

3 在建筑高度小于等于50 m的公共建筑、工业建筑和建筑高度小于等于100 m的住宅建筑中,可能会出现裙房高度以上部分利用可开启外窗进行自然通风,而裙房高度范围内不具备自然通风条件的布局,为了保证防烟楼梯间下部的安全并且不影响其上部,对该高层建筑中不具备自然通风条件裙房的前室、共用前室及合用前室,规定设置局部正压送风系统。其送风口的设置方式也应按照本条第2款的要求。

3.1.6 本条对防烟楼梯间及其前室如何设置机械加压送风系统作出规定。

1 根据气体流动规律,防烟楼梯间及前室之间必须形成压力梯度,才能有效地阻止烟气,如将二者的机械加压送风系统合设一个管道甚至一个系统,很难进行风量平衡以形成合理的压力差。因此,一般情况下在楼梯间、前室分别加压送风。

2 对于剪刀楼梯,无论是公共建筑还是住宅建筑,为了保证两部楼梯的加压送风系统不至于在火灾发生时同时失效,其两部楼梯间和前室、合用前室的机械加压送风系统(风机、风道、风口)应分别独立设置。需要说明的是,当公共建筑物高度不超过50 m或住宅建筑高度不超过100 m时,两个楼梯间分别设有一个门的独立前室,那么,剪刀楼梯的两个楼梯间可以分别采用楼梯间加压送风、前室不送风的方式;这时的楼梯间送风,一个门的独立前室不送风的情况也属于机械送风防烟方式。但楼梯间的送风量计算应按本标准第5.1.6条的规定选择门洞风速。

3.1.8 本条明确了地下建筑设置防烟系统的要求。对于疏散条件相对较好的地下一、二层,地下深度不超过10 m,地下楼梯间不与地上楼梯间共用,首层有面积足够的外窗或外门进行自然通风排烟,可以有条件地采用自然通风方法排除烟气;否则,就必须设置机械加压送风系统。

住宅建筑中,地下室往往是人员较少的汽车库、非机动车库和设备用房。根据多年实践经验,可以适当放宽。在应用本条标准时,这些车库的设计应满足现行国家标准《电动汽车分散充电设施工程技术标准》GB 51313和《上海市既有住宅小区新增电动自行车充电设施建设导则》(2019年)中有关防火隔离、疏散、灭火和排烟等相关要求。

还有两点需要说明:①当地上与地下楼梯间竖向平面位置相同,但在首层部分用防火墙严格进行分隔时,则上、下楼梯间为不共用;如在此防火分隔墙上设有门或窗时(图2),则为共用;②对于建造在有坡度场地上的建筑,室外地坪有不同的标高,此时楼梯间的室外出入口地面应指该楼梯间到达室外的地面。

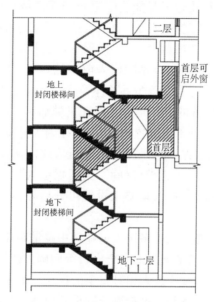

图2　地上与地下楼梯共用示意图

3.1.9　建筑疏散楼梯间在首层采用兼作门厅功能的扩大前室时,扩大前室面积往往比标准层前室面积大,开向扩大前室的疏散门和通向室外的疏散门数量较多,按门洞风速要求的送风量会比标准层大得多。对于火灾时开启二层或三层的公共建筑的前室加压送风系统,首层扩大前室防烟系统不独立设置的话,送风时会严重影响其他楼层前室的送风风量,此时必须独立设置。当首层扩大前室仅作为人员疏散通道,不增加进入前室的疏散门时,可与楼层的前室加压送风系统合用。本标准中住宅建筑仅要求火灾层疏散楼梯的前室加压送风,所以该系统不必独立设置。

首层扩大前室防止烟气进入,保证人员疏散的方法有三种:自然通风方式、加压送风方式和机械排烟方式。一般来说,自然通风防烟方法可靠性好,当具有可开启外窗的条件时,应优先采用自然通风方式。首层扩大前室是不允许设置有可燃物的,当外门数量较少且加压送风量能确保阻止相邻区域烟气进入扩大前室时,可采用加压送风方式。当扩大前室无自然通风条件,外门或进入前室的疏散门数量较多,确保室内正压有困难时,可采用独立的机械排烟系统,以排除侵入前室的烟气。因此,防烟方式需要根据建筑构造及设备布置条件等多种因素确定。

3.1.10 本条设置的目的是为了保证机械加压送风的效果,因为在机械加压送风的部位设置外窗时,往往因为外窗的开启而使空气大量外泄,无法保证送风部位的正压值或门洞风速,从而造成防烟系统失效。对于避难层(间),为了保证人员避难时的安全,无论采用何种防烟方式,均要求设置可开启外窗,所以应作为特殊情况处理。

3.1.12 避难走道多用作解决大型建筑中疏散距离过长或难以按照规范要求设置直通室外的安全出口等问题。疏散时,人员只要进入避难走道,就视作进入相对安全的区域。为了严防烟气侵袭避难走道,应在前室和避难走道分别设置机械加压送风系统。对于疏散距离在 30 m 以内的避难走道,由于疏散距离较短,可仅在前室设置机械加压送风系统。

3.2 自然通风防烟设施

3.2.1 一旦有烟气进入楼梯间,如不能及时排出,将会给上部人员的疏散和消防人员的扑救带来很大的危险。根据烟气流动规律,在顶层楼梯间设置一定面积的可开启外窗,可防止烟气的积聚,以保证楼梯间有较好的疏散和救援条件。作为楼梯间,其最上层的外窗或外门都可以认为是在该楼梯间的最高部位设置。本条所述的设置面积是指开口面积或外窗的可开启面积。

3.2.2 可开启窗的自然通风方式如没有一定的面积保证,难以达到排烟效果。本条沿袭了国家消防技术规范对前室可开启外窗面积的技术要求,通过多年的工程实践,被证明有较强的可实施条件。为保证可开启外窗的有效可开启面积,本条规定了窗的最小有效开启率。

3.2.3 为保证首层扩大前室自然通风防烟效果,自然排烟面积参照合用前室的通风面积要求。扩大前室通向室外的疏散门面积是作为自然补风使用,不应计入开窗面积中。

3.2.4 发生火灾时,避难层(间)是楼内人员尤其是行动不便者暂时避难、等待救援的安全场所,必须有较好的安全条件。为了保证排烟效果和满足避难人员的新风需求,须同时满足开窗面积和空气对流的要求。

由于高层病房楼及养老建筑每层的避难间面积比较小,不同朝向的可开启外窗不易实现;这时可仅按开启窗有效面积不应小于房间面积的3%且不应小于 2 m² 的要求执行。

3.2.6 为保证采用自然通风防烟方式的地下室疏散楼梯间或前室满足自然通风条件而设置本条。采用自然通风防烟方式的地下室楼梯间和前室除了应满足本标准第 3.1.3 条的建筑物高度条件外,还必须具有良好的自然通风条件,如紧靠通风条件较好的下沉式广场等。常用的采光井净宽度一般为 1 m~1.5 m,有些还带有雨棚,与该采光井贴邻的疏散楼梯间或前室都已不具备良好的自然通风效果,不具有自然通风条件。经分析,当采光井的净尺寸不小于 6 m×6 m 且其上部为敞开空间时,才具有较好的自然通风条件。本标准的第 3.1.8 条对于地下室楼梯间和前室防烟系统的特殊情况作了明确规定,不包括在本条限制范围内。

3.3 机械加压送风防烟设施

3.3.1 因为建筑高度超过 100 m 的建筑,其加压送风的防烟系统对人员疏散至关重要,如果不分段,可能造成局部压力过高,给人员疏散造成障碍,或局部压力过低,不能起到防烟作用,因此要求对系统分段。这里的服务高度是指加压送风系统的服务区段高度,对于加压送风楼梯间也就是指该系统服务的最下一层的地面到最上一层的顶板;对于前室是指最下一层前室的底板到最上一层前室的顶板。

3.3.3 当地下、半地下与地上的楼梯间在竖向平面位置布置时,现行国家标准《建筑设计防火规范》GB 50016 要求在首层必须采取防火分隔措施,因此实际上分为上、下两个楼梯间,要求分别设置加压送风系统。当地下楼梯间层数不多,且地下部分为汽车库、非机动车库或设备用房时,这两个楼梯间可合用加压送风系统,但应分别计算地下、地上楼梯间加压送风量,合用加压送风系统的送风量应为地下、地上楼梯间加压送风量之和。但在地上楼层数较多的情况下,分别满足地上与地下的送风量有相当的难度,所以如果有条件,还是分别设置较为有利。

3.3.4 确实没有条件设置送风井道时,楼梯间可采用直灌式送风。直灌式送风是不通过风道(管),直接向楼梯间送风的一种防烟形式。经试验证明,直灌式加压送风方式是一种较适用的、替代不具备条件采用竖向井道时的加压送风方式。为了有利于压力均衡,本标准规定当楼梯间高度大于 32 m 时,应采用楼梯间两点送风的方式,送风口之间距离不宜小于楼梯间高度的 1/2。同时为了弥补漏风量,要求直灌式送风机的送风量比正常计算的送风量增加 20%。

直灌式送风通常是直接将送风机设置在楼梯间的顶部,也有设置在楼梯间附近的设备平台上或其他楼层,送风口直对楼梯间。由于楼梯间通往安全区域的疏散门(包括一层、避难层、屋顶通往安全区域的疏散门)开启的几率最大,加压送风口应远离这些疏散门,避免大量的送风从这些楼层的门洞泄漏,导致楼梯间的压力分布均匀性差。

对于不大于 3 层的楼梯间,直接送风到楼梯间的加压送风系统不属于直灌方式,送风量应按常规机械加压送风系统计算。

3.3.5 由于机械加压送风系统的风压通常在中、低压范围,故本条提出机械加压送风风机宜采用轴流风机、混流风机或中、低压离心风机等。

机械加压送风系统是火灾时保证人员快速疏散的必要条件。除了保证该系统能正常运行外,还必须保证它所输送的是能使人正常呼吸的空气。为此,本条特别强调了加压送风机的进风必须是室外不受火灾和烟气污染的空气。一般应将进风口设在排烟口下方,并保持一定的高度差;如排烟口与进风口设在同一个立面但不在一个水平线或垂直线上时,两个口部外缘的最近的距离应满足表 1 的要求;必须设在同一层面时,应保持两风口边缘间 20 m 的相对距离;当设在不同朝向的墙面上时,应将进风口设在该地区主导风向的上风侧;当不同朝向的墙面的内夹角大于135°时,应视作同一朝向的墙面;当内夹角小于等于135°时,两风口水平和垂直距离应同时满足图 3 的距离要求。

表 1 同一立面上的排烟口与进风口的距离要求

工况	1	2	3	4	5	6	7
水平距离(m)	0	5.0	10.0	12.5	15.0	17.5	20.0
垂直距离(m)	6.0	5.8	5.2	4.7	4.0	2.9	0

注:排烟口设于进风口上方。

当加压送风系统的室外进风口与机械排烟系统的室外排烟口处于建筑物两接近相反方向的建筑立面(如南向与北向等)时,则二者之间的水平距离不应小于 10 m,或排烟口高于进风口的垂

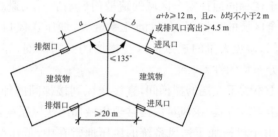

图 3 进风口与排烟口位置示意图

直距离不应小于 3 m。

由于烟气自然向上扩散的特性,为了避免从取风口吸入烟气,宜将加压送风机的进风口布置在建筑下部。从对国内发生过火灾的建筑的灾后检查中发现,有些建筑将加压送风机布置在顶层屋面上,发生火灾时整个建筑被烟气笼罩,加压送风机送往防烟楼梯间、前室的不是清洁空气,而是烟气,严重威胁人员疏散安全。当受条件限制必须在建筑上部布置加压送风机时,应采取措施防止加压送风机进风口受烟气影响。同时,为保证加压送风机不受风、雨、异物等侵蚀损坏,在火灾时能可靠运行,本条特别规定了送风机应放置在专用机房内。当风机设于具有耐火极限1.0 h 及以上的保护箱体内,而且该箱体具有防风、防雨、防腐性能,并保证风机具有良好的通风与检修条件时,可以采用室外安装方式。

加压送风机的出风管或进风管上应加装电动风阀或止回风阀,是为了防止加压送风系统平时不用时形成的自然拔风现象;止回阀仅适用于风机置于系统上部的加压送风系统。

3.3.6 前室加压送风口的布置会影响加压送风的效果,在本条文说明第 3.1.5 条中已列出三种风口布置效果不良的情况。在实际设计过程中类似不良情况很多,设计应注意避免。

前室加压送风口一般都采用常闭风口。对于公共建筑,火灾时开启火灾层及其上、下各 1 层(建筑高度不高于 24 m 时,为

2 层);但如果前室加压送风系统总共不超过 3 层时,也可以采用常开风口方法,但应调整好风量平衡。

3.3.7 送风井(管)道应采用不燃烧材料制作。根据工程经验,采用土建风道时漏风严重,而且其沿程阻力较大,易导致机械防烟系统风量不足而失效,故本标准规定不应采用土建井道。由于建筑物地下部分需要补充室外新风的通风系统数量众多,往往采用土建进风竖井集中进风,这样可以避免数量过多的直通大气的室外进风口和进风竖井,保证建筑的美观。直通大气的集中进风竖井一般尺寸较大,长度较短,如图 4 所示。该管道井的地上部分不会超过 2 层,但在超大面积裙房中该管道井无法靠外墙时,也有直通至裙房顶面的做法。该竖井在最大风量情况下的风阻一般应控制在 100 Pa 以下或更低。此情况下,利用土建进风竖井是

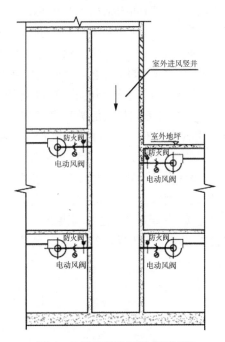

图 4　地下室外进风竖井剖面图

允许的。需要指出的是,这时的室外进风竖井土建施工应做好密封,保证施工质量;同时,风机的压头选用应考虑同时使用情况下最大风量时的进风竖井和进风百叶的阻力。

现行国家标准《通风与空调工程施工质量验收规范》GB 50243规定,中压系统风管使用压力范围是 500 Pa＜P≤1 500 Pa,防烟加压送风系统工作压力在此范围内,故管道的厚度及制作应遵照此要求。通常,加压风管采用镀锌钢板风管,实践证明它的密闭性和耐久性都较好;如果采用非金属材料时,一定要注意其耐久性,通常应能使用 15 年以上。

3.3.8 为使整个加压送风系统在火灾时能正常发挥防烟功能,除了进风口和风机不能受火焰和烟气的威胁外,还应保证其风道的密闭性和耐热性。风道的密闭性是为了保证系统的有效送风量,要求火灾时风管能在一定时间内结构不被破坏;耐热性是保证在一定的时间内输送空气的温度是人体能承受的,这些都是保证疏散通道人员安全所必须的条件。在高温火焰中,常用的钢板加压风道很容易变形损坏,故要求加压送风管道设置在具有耐火 1 h 性能的管道井内,并不应与其他类型的管道合用管道井。未设置在管道井内的加压送风管道或与其他类型管道(包括通风空调管道、水管道等)合用管道井时,本条对加压风管提出耐火极限 1 h 的要求。需要说明的是,当管道井内设置多根加压送风管道且无其他类型管道时,也认为是设置在独立的管道井内。

在超高层(建筑高度大于 250 m)建筑中,加压送风管道及管道井的耐火极限应按《关于印发〈建筑高度大于 250 米民用建筑防火设计加强性技术要求(试行)〉的通知》(公安部公消〔2018〕57 号)执行。

4 排烟设计

4.1 一般规定

4.1.1 与机械排烟系统相比,自然排烟系统简单、可靠,本条明确有条件时应优先采用自然排烟方式。多层建筑的开窗形式和开窗面积有利于烟气排放,较多采用自然通风方式。高层建筑主要受开窗条件的影响会较大,一般采用机械方式较多。

4.1.2~4.1.3 设置挡烟垂壁(垂帘)是划分防烟分区的主要措施。挡烟垂壁(垂帘)所需高度应根据建筑所需的清晰高度、设置排烟的可开启外窗或排烟口的位置、区域内是否有吊顶以及吊顶方式等分别进行确定,参见图 5 和图 6,图中 d 为储烟仓厚度。活动挡烟垂壁的性能还应符合现行行业标准《挡烟垂壁》GA 533 的技术要求。

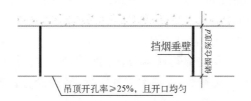

图 5 无吊顶或设置开孔率(均匀分布)≥25%的通透式吊顶

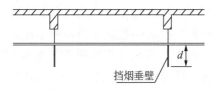

图 6 开孔率<25%或开孔不均匀的通透式吊顶及一般吊顶

采用隔墙等形成的独立分隔空间实际就是一个防烟分区和储烟仓,该空间应作为一个防烟分区设置排烟口,不能与其他相邻区域或房间合为一个防烟分区。

自然排烟是依靠热烟气自身热浮力进行排烟,机械排烟是依靠机械动力进行排烟。为保证排烟效率,在不同排烟方式中储烟仓的厚度要求是不同的,条文给出了储烟仓最小厚度的要求。

4.1.4 本条规定了防烟分区的设置要求。

1 防烟分区设置目的是将烟气控制在着火区域所在的空间范围内,并限制烟气从储烟仓内向其他区域蔓延。烟气层高度需控制在储烟仓下沿以上一定高度内,以保证人员安全疏散及消防救援。防烟分区过大时(包括长边过长),烟气水平射流的扩散,会卷吸大量冷空气而沉降,不利于烟气的及时排出;而防烟分区的面积过小,储烟能力较弱,烟气易蔓延到相邻的防烟分区。因此,防烟分区的划分应综合考虑火源功率、顶棚高度、储烟仓形状、温度条件等主要因素对火灾烟气蔓延的影响;结合建筑物类型、建筑面积和高度,本标准规定了防烟分区的最大允许面积及其长边最大值。虽然现行国家标准《汽车库、修车库、停车场防火规范》GB 50067已规定最大防烟分区面积,但也需要控制防烟分区的长边长度,一般宜限制在60 m左右。

对于一些层高较低、火灾热释放速率又比较大的特殊场合,如地铁站台等,往往显得防烟分区面积较小。这时,可根据建筑物空间高度、火灾荷载、火灾类型等因素,经理论分析或实验验证后,按国家有关规定论证确定。

2 建筑物中走道上的烟气蔓延是属于有限空间的水平射流,扩散速度较快,因此防烟分区长度可以适当加长。对于2.5 m～4 m宽度的走道,应控制走道面积不超过150 m²确定防烟分区的长度。对于走道包含无可燃物的电梯厅、过厅等场所,走道和加宽部分的总面积应不超过180 m²,这时可以用控制主走道面积不超过150 m²计算确定走道的长度。

对于敞开式外廊、单侧或双侧侧壁与室外直接相通的通道，可不划分防烟分区。

3 具备自然对流条件的场所应符合下列条件：

　　1）室内场所采用自然对流排烟的方式。

　　2）两侧排烟窗应设在防烟分区短边外墙面的同一高度位置上（图7）；窗的底边应在室内2/3高度以上，且应在储烟仓以内。

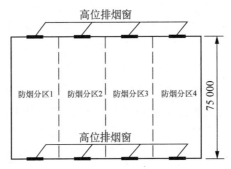

图7　具备对流条件场所自然排烟窗的布置

　　3）房间补风口应设置在室内1/2高度以下，且不高于10 m。

　　4）排烟窗与补风口的面积应满足本标准第5.2.13条的计算要求，且排烟窗应均匀布置。

4.1.5 在同一个防烟分区内不应同时采用自然排烟方式和机械排烟方式，主要是考虑到两种方式相互之间对气流的干扰影响排烟效果。在排烟时，自然排烟口还可能会在机械排烟系统动作后变成进风口，使其失去排烟作用，同时造成排烟量不足。

4.1.6 建筑物中具有多层的连通空间，其上层、下层分属于两个不同防烟分区。为了防止烟气向上层蔓延，给人员疏散和火灾扑救都带来困难，一般情况下烟气应在着火层及时排出。因此，在敞开楼梯和自动扶梯穿越楼板的开口部位应设置挡烟垂壁或卷帘，以阻挡烟气向上层蔓延，并不得叠加计算防烟分区面积。

4.1.7 本条中提到的周围场所是指与中庭相连的每层使用房间；如果有回廊，则是指与回廊相连的各使用房间。

对于无回廊的中庭，与中庭相连的使用房间空间应优先采用机械排烟方式，是为了强化排烟措施。

对于有回廊的中庭，一般情况下回廊顶与中庭顶是高差相差较大的两个空间，原则上，除了顶层回廊外，这两个空间不能划分在同一个防烟分区中。因此，中庭与回廊及各使用房间之间应作为不同防烟分区处理，回廊与中庭之间应视烟层设计情况设置挡烟垂壁或卷帘。与回廊相连的各层房间空间和回廊应按规范要求设排烟装置；火灾时首先应将着火点所在的防烟分区内的烟气排出。当使用房间面积较小、房间内没有排烟装置时，其回廊必须设置机械排烟装置，使房间内火灾产生的烟气可以溢至回廊排出。

自然或者机械排烟的设置应根据建筑结构和产生烟气的质量来综合考虑。当产生的烟气在中庭中可能出现"层化"现象时（即本标准第 5.2.7 条提出的烟层与周围空气温差小于 8K 时），就应设机械排烟并合理设置排烟口；当烟气不会出现"层化"现象时，就可采用自然排烟。

4.2 自然排烟设施

4.2.2 排烟口的布置对烟流的控制至关重要。根据烟流扩散特点，排烟口距离如果过远，烟流在防烟分区内迅速沉降，而不能被及时排出，将严重影响人员安全疏散。因此，本条规定了排烟口、排烟窗与最远排烟点的距离。对层高较高且具有对流条件的场所，可适当放宽。

4.2.3 火灾时，烟气上升至建筑物顶部，并积聚在挡烟垂壁、梁等形成的储烟仓内。因此，用于排烟的可开启外窗或百叶窗必须开在排烟区域的顶部或外墙的储烟仓的高度内。

1 当设置在外墙上时，对设置位置的高度及开启方向本条都提出了明确的要求,目的是为了确保自然排烟效果。对于层高较低的区域,排烟窗全部要求安装在储烟仓内会有困难,允许安装在室内净高 1/2 以上,以保证有一定的清晰高度。

2 窗的设置有利于烟气流排出的情况很多,如:设置在外墙上的单开式自动排烟窗宜采用下悬外开式;设置在屋面上的自动排烟窗宜采用对开式或百叶式等。

4 出于对排烟效果的考虑,要求均匀地布置顶窗、侧窗和开口。

5 为了防止火势从防火墙的内转角或防火墙两侧的门窗洞口蔓延,要求门、窗之间必须保持一定的距离,如图 8 所示。

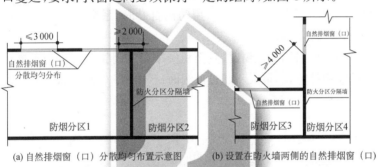

(a) 自然排烟窗(口)分散均匀布置示意图　　(b) 设置在防火墙两侧的自然排烟窗(口)

图 8　开窗位置示意图

4.2.4　对工业建筑的排烟措施,由于其采用的排烟方式较为简便,更需要均匀布置,根据德国等国家的消防技术要求,结合我国的工程实践,强调了均匀布置的控制指标。在侧墙上设置的,应尽量在建筑的两侧长边的高位对称布置,形成对流,窗的开启方向应顺烟气流动方向;在顶部设置的,火灾时靠人员手动开启不太现实,为便于火灾时能及时开启,最好设置自动排烟窗。

4.2.5　可开启外窗的形式有上悬窗、中悬窗、下悬窗、平推窗、平开窗和推拉窗等,如图 9 所示。在设计时,必须将这些作为排烟使用的窗设置在储烟仓内。如果中悬窗的下开口部分不在储烟仓内,这部分的面积不能计入有效排烟面积之内。

在计算有效排烟面积时,推拉窗按实际拉开后的开启面积计

算,其他形式的窗按其开启投影面积按公式(1)计算:

$$F_p = F_c \cdot \sin \alpha \qquad (1)$$

式中:F_p——有效排烟面积(m^2);

  F_c——窗的面积(m^2);

  α——窗的开启角度。当窗的开启角度大于70°时,可认为
      已经基本开直,排烟有效面积可认为与窗面积相等。

对于悬窗,应按水平投影面积计算。

当采用百叶窗时,窗的有效面积为窗的净面积乘以遮挡系数。根据工程实际经验,当采用防雨百叶时,系数取0.6;当采用一般百叶时,系数取0.8。

当屋顶采用平推窗时,其面积应按窗洞周长的一半与平推距离的乘积计算,但最大不超过窗洞面积,如图9(e)所示;当外墙采

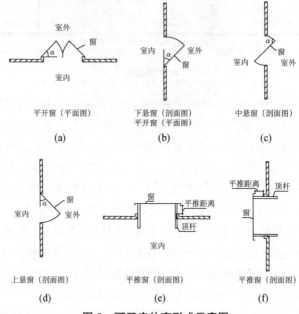

图9 可开启外窗形式示意图

用平推窗时,其面积应按窗洞周长的 1/4 与平推距离的乘积计算,但最大不超过窗洞面积,如图 9(f)所示。

4.2.6 规定本条的目的是为了确保火灾时,即使在断电、联动和自动功能失效的状态,仍然能够通过手动装置可靠开启排烟窗以保证排烟效果。手动开启一般是采用手动操作,通过气动、电动或机械传动等的方法实现排烟窗的开启。为便于人员操作和保护该装置,本条规定了开启装置的设置高度。当手动开启装置集中设置于一处确系困难时,可分区、分组集中设置,但应确保任意一个防烟分区内的所有自然排烟窗均能统一集中开启,且宜设置在人员疏散口附近显眼的位置。

4.3 机械排烟设施

4.3.1 建筑高度超过 100 m 的建筑排烟系统一旦出现故障,容易造成大面积的失控,对建筑整体安全构成威胁。本条规定的目的是为了提高系统的可靠性,及时排出烟气,防止排烟系统因担负楼层数太多或竖向高度过高而失效,且竖向分段最好结合设备层科学布置。这里,每段建筑的服务高度是指该排烟系统服务楼层的最下一层的地面到最上一层顶板的高度。

4.3.2 本条规定机械排烟系统横向按每个防火分区设置独立系统,是指风机、风口、风管都独立设置。该规定是为了防止火灾在不同防火分区蔓延,且有利于不同防火分区烟气的排出。

同一防火分区中的不同防烟分区可以共用一个排烟系统,每一防烟分区的排烟管道都应独立设置。也就是说,本防烟分区的排烟管道在接入系统排烟总管前,不能有其他防烟分区的排烟口接入。该排烟系统的排烟量按系统中最大的防烟分区排烟量确定。同一防火分区中的不同防火单元共用一个排烟系统时,该系统负担的防火单元不应超过 2 个;每一防火单元的排烟管道均应独立设置。

4.3.3 本条为新增条文。疏散走道是保证人员安全疏散的通道，尤其是高层建筑与超高层建筑,独立设置排烟系统可以保证火灾时走道的排烟效果。高度小于 50 m 的建筑中的走道,其排烟系统如与其他排烟系统合用一个排烟系统时,为了保证走道的排烟量,其排烟量必须叠加到合用排烟系统上。对于建筑高度大于 50 m 小于等于 100 m 的公共建筑,其走道的排烟系统一般情况下宜独立设置,但有时管道井太多,设置困难情况下可与该走道所属防火分区的其他排烟系统合用。目前有些办公建筑采用大空间无走道设计,没有考虑走道设置独立排烟系统和预留排烟量,到装修阶段再设置走道,造成排烟系统设置十分困难。因此,此类大空间设计时应注意需要预留走道的排烟量,同时,对于高层建筑与超高层建筑还需要依据本条要求考虑设置走道独立排烟系统。

4.3.4 通风空调系统的风口一般都是常开风口,为了确保排烟量,当按防烟分区进行排烟时,只有着火处防烟分区的排烟口才开启排烟,其他都要关闭,这就要求通风空调系统每个风口(管)上都要安装自动控制阀才能满足排烟要求。另外,通风空调系统与消防排烟系统合用,系统的漏风量大,风阀的控制复杂。因此,排烟系统与通风空气调节系统应分开设置。当排烟系统与通风、空调系统合用同一风管系统时,在控制方面应采取必要的措施,避免系统的误动作。系统中的风口、阀门、风道、风机都应符合防火要求,风管的保温材料应采用不燃材料。

4.3.5 烟气容重比空气小,烟气会上浮,故排烟风机设置在排烟系统的上部有利于排烟;尤其是竖直的排烟管道有几十米高时,该浮升作用更大,这时系统中的排烟风机就不宜倒吊设置;同时烟气排出口设置在大楼高处对整个楼来说也比较安全。特殊情况下,排烟风机无法设置在"黄金楼"层(如首层),也可以设置在该楼层的下面一层或二层,即倒吊设置;此时烟气在排烟管道中会向下流动一层或二层,垂直高度不大,产生浮升力也不大,应该也是允许的;但此时的系统排烟出口仍需要设置在室外地面高处。

4.3.6 为保证排烟风机在排烟工作条件(烟气温度达 280℃)下,能正常连续运行 30 min,防止风机直接被高温或火焰威胁,就必须有一个安全的空间放置排烟风机。当条件受到限制时,也应有防火保护;但由于很多型式的排烟风机的电机是依靠所放置的空间进行散热,因此该空间的体积不能太小,以便于散热和维修。

工业建筑中,满足国家相关标准要求的室外耐候性(耐晒、耐腐蚀、抗强风、抗暴雨等性能)屋顶式排烟风机可以直接设在室外。其控制柜应设于附近室内公共部位,并采用防碰撞、防误操作等措施。民用建筑中的屋顶设备往往比较多,因此当风机设于具有耐火极限 1.0 h 及以上的保护箱体内,而且该箱体具有防风、防雨、防腐性能,并保证风机具有良好的通风与检修条件时,可以采用室外安装方式。

当排烟风机与其他风机(包括空调处理机组等)合用机房时,应满足本条要求。另外,由于平时与排烟兼用的风机与管道之间常需要做软连接,软连接处的耐火性能往往较差,为了保证在高温环境下排烟系统的正常运行,特对连接部件提出要求。

4.3.7 当排烟风道内烟气温度达到 280℃时,烟气中已带有火星,此时应停止排烟,否则烟火扩散到其他空间会造成新的危害。仅关闭排烟风机不能阻止烟火通过管道蔓延,故本条规定了排烟风机入口处应设置能自动关闭的排烟防火阀并联锁关闭排烟风机。该排烟防火阀设置的位置应能保证防火分隔的连续性,通常应设置在排烟管道进入排烟风机房的隔墙处。

4.3.8 排烟管道是高温气流通过的管道,为了防止引发管道的燃烧,必须使用不燃管材。通常,可采用镀锌钢板作为基础材料制作,外面包封硅酸盐防火板,实践证明其密闭性和耐久性都较好;如果采用非金属材料时,一定要注意其耐久性,通常应能使用15 年以上。

在工程实践中,风道的光滑度对系统阻力损失起到关键作用,故对不同材质管道的风速作出相应规定。地下连通大气排风竖井的设置可参见本标准条文说明第 3.3.7 条,仅把该条文说明中的进风竖井(图 4)改为排风竖井(图 10)。

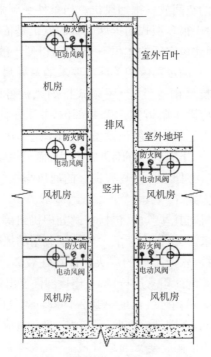

图 10 连通大气排风竖井示意图

4.3.9 本条规定是为避免火灾中火和烟气通过排烟管道蔓延。当排烟管道竖向穿越防火分区时,为了防止火焰烧坏排烟风管而蔓延到其他防火分区,本条规定竖向排烟管道应设在管井内;由于土建管道井本身具有 1 h 耐火极限的性能,能避免井内风管受火灾影响而失去正常排烟功能;同时,本条规定水平排烟风管接入竖直管时都要安装排烟防火阀,如图 11 所示,这样进入竖直排烟管道的烟气温度被控制在 280℃ 以下。由于 280℃ 时钢板的许用应力仍能达到 70 MPa 以上,因此该温度条件下钢板风管仍能具有良好的完整性和密闭性，能保证正常使用；为了保证管道井内排烟管道的正常运行、较长的使用寿命和较高的空间利用率，管道井内排烟风管可以采用镀锌钢板管材与法兰螺栓连接。

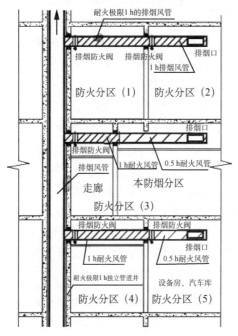

图 11　排烟风管耐火要求和排烟防火阀设置

　　条文中所述的独立管道井是指井内设置的都是同样性质的排烟管道的管道井。通常，排烟风机是设置在排烟系统的最末端，风机排出口直接接至室外，运行时排烟管道都是在负压工况下工作，而且运行时的最高烟气温度不会超过 280℃，因此能保证这些排烟管道的正常安全使用。为保险起见，多个排烟管共井时，排烟管道有 0.5 h 的耐火极限要求。排烟管道井内不能有其他风管道，是为了避免各种不利情况的发生。

　　避难间、疏散楼梯间及其前室是用于人员安全疏散或者安全避难的地方,故水平排烟管道一般情况下不得穿越;必须穿越时,应采用土建防火夹层分隔布置。水平排烟管道位于火灾发生空间,易受到火灾影响,要求具有一定时间的耐火性能,以保证正常的排烟功能。当水平排烟管道穿越其他防火分区和其他防烟分区时,为保证火灾蔓延后还能继续排烟,该排烟风管要求不低于1 h的耐火时间要求。当排烟管道用于本防烟分区时,由于人员疏散距离短,疏散花费时间也短,水平排烟风管耐火极限要求不低于0.5 h。当排烟风管布置在人员很少的汽车库和设备用房时,耐火时间要求不低于0.5 h。对于送风管道、排烟管道的耐火极限的判定应按照现行国家标准《通风管道耐火试验方法》GB/T 17428的测试方法;当耐火完整性和隔热性同时满足时,方能视作符合要求。

在超高层(建筑高度大于250 m)建筑中,排烟管道及管道井的耐火极限应按《关于印发〈建筑高度大于250米民用建筑防火设计加强性技术要求(试行)〉的通知》(公安部公消〔2018〕57号)执行。

根据工程的应用情况,常用具有耐火极限的风管制作材料的厚度可按表2的规定确定。

表2 耐火极限风管主要材料厚度

金属风管外包防火板		
耐火极限(h)	岩棉厚度(100 kg/m³)(mm)	硅酸钙板材厚度(mm)
0.5~1.0	50	8
2.0	50	9
3.0	50	12

4.3.10 为了防止排烟管道本身的高温引燃吊顶中的可燃物,本条规定安装在吊顶内的排烟风管应具有隔热措施。根据本标准要求,吊顶内排烟管道耐火极限应不低于0.5 h,并与可燃物保持不小于150 mm的距离;这时需要校核该排烟管道的绝热厚度,通常要求不小于35 mm,绝热材料应采用岩棉或其他能耐受

800℃以上高温的绝热材料。

4.3.11 排烟系统在负担多个防烟分区时,系统的排烟主管道与连通到每个防烟分区的排烟支管处应设置 280℃时熔断关闭的排烟防火阀(见图 12),以防止火灾通过排烟管道蔓延到其他区域。这根支管是排烟系统主排烟管道的支管,这里要求每个防烟分区可以有一根或多根排烟支管,但每根支管不能用于多个防烟分区的排烟。

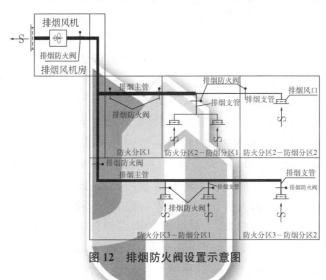

图 12 排烟防火阀设置示意图

4.3.13 本条规定了机械排烟系统排烟阀(口)的设置位置、设置高度和开启方式等要求。

1 排烟口设置在储烟仓内高位,能将起火区域产生的烟气最有效、快速地排出,以利于安全疏散。

2 排烟口设置的位置如果不合理的话,可能严重影响排烟功效,造成烟气组织混乱,故要求排烟口必须设置在储烟仓内。对于净高不大于 3 m 的区域,排烟口也应尽可能布置在房间顶部,但也有例外。如:走道吊顶上方有大量风道、水管、电缆桥架等的存在,在吊顶上布置排烟口几乎无可能,只能将排烟口布置在紧贴走道吊顶的侧墙上,这时走道内排烟口应设置在其净空高度的 1/2 以上。这是无奈之举,并不是说挡烟垂壁要做到房间的净空高度的 1/2。为了及时将积聚在吊顶下的烟气排除,防止排烟口吸入过多的冷空气,还要求排烟口最近的边缘与吊顶的距离不应大于 0.2 m。在实际工程中,对于有些低矮空间,如地下车库,排烟管道无法设置在由挡烟梁形成的储烟仓内,此时把排烟口设置在管道的顶部位置,能起到相对较好的排烟效果。

3 面积小的房间疏散路径较短,人员易迅速逃离着火房间,可以把控制走道烟层高度作为重点。此外,如在每个小房间设置排烟,则将有较多排烟管道敷设于狭小的走道空间和房间吊顶内,无论在工程造价或施工难度上均不易实现。因此,除特殊情况明确要求以外,对于较小房间,可仅于走道设置排烟。

5 为了确保人员的安全疏散,要求烟流方向与人员疏散方向宜相反布置,这是排烟口位置布置的基本原则。火灾时,烟气会不断从起火区涌向排烟口,所以在排烟口的周围始终聚集一团浓烟;如果排烟口的位置不避开疏散出口,这团浓烟正好堵住疏散出口,影响疏散人员识别疏散出口位置,不利于人员的安全疏散。本款规定排烟口与本区域疏散出口相邻边缘之间的水平距离不应小于 1.5 m,是为了保证在火灾疏散时,疏散人员越过排烟口下面的烟团,在 1.0 m 的极限能见度的条件下,也能看清疏散出口,并安全逃生。

6 最大允许排烟量是指每个排烟口允许排出的最大排烟量。当排烟口风量大于该值时,排烟口下的烟气层被破坏,造成室内空气与烟气一起排出,导致有效排烟量的减少。目前,车库中通常要求挡烟垂壁底部高度为 2.4 m,为了保证车库中排烟口设于风管侧壁的位置,以方便维护与调整,就要保证车库净高有 3.8 m,因此对于 3.8 m 净高以上的车库才对排烟口执行最大允许排烟量要求。同样,对于办公房间,高于 3.2 m 净高时执行最大允许排量要求。

7 排烟口风速不宜大于 10 m/s,过大会过多吸入周围空气,使排出的烟气中空气所占的比例增大,影响实际排烟量,且风管容易产生啸叫及振动等现象,从而影响风管的结构完整及稳定性。

4.3.14 利用吊顶空间进行间接排烟时,可以省去设置在吊顶内的排烟管道,提高室内净高。这种方法实际上是把吊顶空间作为排烟通道,因此必须对吊顶有一定的要求。

首先,要求吊顶材料必须是不燃材料;根据规范要求,在一、二类建筑物中,吊顶的耐火极限都必须满足 0.25 h 以上,在排放不高于 280℃ 的烟气时,可以满足 0.5 h 以上的运行时间。其次,规定封闭式吊顶烟气流入口的颈部排烟风速不宜大于 1.5 m/s,以防止风速过高、抽吸力太大,造成吊顶内负压太大,破坏吊顶的完整性,影响排烟效果。经调查,常用的吊顶材料单位面积的重量应不低于 4.5 kg/m²,在 1.5 m/s 的颈部风速的情况下,能保证吊顶的完整性和稳定性。

4.4 补风系统

4.4.1 补风的主要目的是为了形成理想的气流组织,迅速排除烟气,有利于人员的安全疏散和消防人员的进入。对于建筑地上部分的走道和小于 500 m² 的房间,由于这些场所的面积较小,可以利用建筑的各种缝隙,满足排烟系统所需的补风量,为了简化系统管理和减少工程投入,本条规定不必专门为这些场所设置补风系统。但当房间面积大于 300 m² 且小于 500 m² 时,应核算该房间门或窗补风风速不大于 3 m/s。对于地下部分不大于 100 m² 房间,可以通过走道和房间门窗进行补风,但这些门窗不得采用防火门和防火窗。

4.4.2 补风应直接从室外引入,根据实际工程经验和实验,补风量至少达到排烟量的 50% 才能有效地进行排烟。

4.4.4 在同一个防火分区内可以采用疏散外门、手动或自动可开启外窗进行排烟补风,并保证补风气流不受阻隔,防火门、防火窗应处于常闭状态,因而不能作为补风途径。对于一些需要排烟的小面积房间,往往没有更多空间布置补风管道与风口,可以通过走道进行补风,但这些房间通向走道的门不能采用防火门。

4.4.5 自然排烟方式采用机械补风时,万一排烟窗故障,而机械补风联动开启,易造成烟气扩散、火灾蔓延的严重后果,故不应采用。

4.4.6 补风口如果设置位置不当的话,会造成对流动烟气的搅动,严重影响烟气的有效导出,或由于补风受阻,使排烟气流无法稳定导出,因此必须对补风口的设置严格要求。当补风口与排烟口设置在同一防烟分区内时,补风口应设在储烟仓下沿以下,且补风口应与排烟口保持尽可能大的水平距离,以避免扰动烟气层,防止冷热气流混流而降低清晰高度;当补风口与排烟口设置在同一空间内相邻的防烟分区时,挡烟垂壁已将冷热气流隔开,补风口位置可以不限。

4.4.7 机械补风系统设计时应与排烟系统对应设置。当一个排烟系统服务于一个防火分区中的多个防烟分区,其中一个区需要排烟时,开启该区的排烟口和排烟系统的风机,同时也开启配套的补风机与对应的补风口;火灾时,虽然只开了一个防烟分区的排烟口与补风口,实际运转时可能会大于该区的设计排烟量和设计补风量,但由于排烟风机与补风机对应设置,它们的风量是成比例的,则补风量一定小于排烟量,不会出现补风量大于排烟量的危险状况。反之,这两个系统不对应,其他的补风系统会补到这个排烟区时,就很可能发生补风量大于排烟量的情况。

4.4.8 一般场所机械送风口的风速不宜大于 10 m/s;人员密集的公共场所为了减少送风系统对人员疏散的干扰和心理恐惧的不利影响,规定其机械送风口的风速不宜大于 5 m/s;自然补风口的风速不宜大于 3 m/s,防止补风口风阻过大影响补风量。

4.4.9 为保证火灾时补风系统的正常运行,本标准对补风管道的耐火极限作了规定。

机械补风系统应与对应的排烟系统联动开启或关闭。

5 防排烟系统设计计算

5.1 防烟系统设计计算

5.1.1 表中给出的是公共建筑和住宅建筑加压送风风量的参考取值,应用时一定要注意根据表注的适用条件;这些设置条件除了表 5.1.1 注的内容外,还应满足:①楼梯间设置了一个疏散门,而独立前室、消防电梯前室或合用前室也都是只设置了一个疏散门;②楼梯间疏散门的开启面积和与之配套的前室的疏散门的开启面积应基本相当。一般情况下,这两道疏散门宽度与人员疏散数量有关,建筑设计都会采用相同宽度的设计方法,故这二者的面积是基本相当的。因此,在应用这几个表的风量数据时,应符合这些条件要求;一旦不符合时,应通过计算确定。

对于剪刀楼梯间和共用前室的情况,往往其疏散门的配置数量与面积会比较复杂,不能用简单的表格风量选用解决设计问题,因此,本条不提供加压风量表,而应采用计算方法进行。

在工程选用中,可采用线性插值法取值,进行风量的调整。在计算中,根据工程的实际和安全度分别选择 0.7 m/s、1.0 m/s 计算用门洞风速。公共建筑的表中系统负担高度 h(m)$24 < h \leqslant 50$,相当于 7 层~16 层范围,$50 < h \leqslant 100$ 相当于 17 层~32 层范围。住宅建筑表中系统负担高度 h(m)$24 < h \leqslant 50$,相当于 8 层~18 层范围,$50 < h \leqslant 100$ 相当于 19 层~35 层范围。表中给出的风量参考取值是按本标准第 5.1.5~5.1.8 条的计算公式得出的一个推荐取值,以便于设计人员选用。

5.1.2 当发生火灾时,为了阻止烟气侵入,对首层扩大前室、封闭式避难层(间)和避难走道设置机械加压送风系统,不但可以保证上述区域内一定的正压值,也可为疏散与避难人员的呼吸提供必需的室外新鲜空气。

封闭式避难层(间)的机械加压送风量,是参考现行国家标准《人民防空工程设计防火规范》GB 50098 中人员掩蔽室内时清洁通风的通风量取值的,即每人每小时 6 m³～7 m³。为了方便设计人员计算,以避难层净面积每平方米 30 m³/h 计算(即按每平方米可容纳 5 人计算);避难走道前室的机械加压送风量,是参考现行国家标准《人民防空工程设计防火规范》GB 50098 而作出的规定。

公共建筑首层扩大前室的疏散门有两类,第一类是由疏散楼梯间和首层走廊等空间直接开向扩大前室的疏散门,第二类是由首层扩大前室通向室外的疏散门。这两类疏散门在加压送风时都会有空气流出,因此计算加压送风量时,这两类疏散门的总断面面积都要考虑。

第一类的门不宜过多、过大,否则很难保证烟气不侵入前室;本条限制开启的疏散门面积不超过 13 m²。在计算第一类疏散门面积时,如果疏散楼梯间是采用机械加压送风方式,则该疏散楼梯间的门不计入面积;如疏散楼梯间是采用自然通风方式,则此门应计入。设置在扩大前室中的机房、卫生间、管道井等的门都不能作为疏散门。

当首层扩大前室的疏散门关闭时,内部压力会升高,建议设置压差旁通装置进行控制。

5.1.3 本条给出了机械加压送风系统风量计算的原则。充分考虑实际工程中由于风管(道)的漏风与风机制造标准中允许风量的偏差等各种风量损耗的影响,为保证机械加压送风系统效能,设计风量应至少为计算风量的 1.2 倍。

5.1.4 为了阻挡烟气进入楼梯间,要求在加压送风时,防烟楼梯间的空气压力大于前室的空气压力,而前室的空气压力大于走道的空气压力。根据公安部四川消防研究所的研究成果,本条规定了门关闭时的防烟楼梯间和前室、合用前室、消防电梯前室、避难层的正压值。本条规定的正压值为一个范围,是为了符合工程设计的实际情况,更易于掌握与检测。门开启时无法维持这么大的压差,这时主要依靠具有一定风速的定向气流来阻挡烟气。

为了防止楼梯间和前室之间、前室和室内走道之间防火门两侧压差过大而导致防火门无法正常开启,影响人员疏散和消防人员施救,本条还对系统余压值作出了明确规定。

5.1.5～5.1.8 正压送风系统的设置目的是为了保证着火层疏散通道开启时门洞处具有一定风速的定向气流和其他楼层疏散通道内保持一定的正压值。通过工程实测得知,加压送风系统的风量仅按保持着火层疏散通道门洞处的风速进行计算是不够的。原因在于着火层疏散通道门洞开启时,其他楼层的加压送风区域(用于楼梯间加压)或管井中的加压送风管内(用于前室加压)仍具有一定的压力,存在通过门缝、常闭风阀的渗漏风。因此,机械加压送风系统的风量应按门开启时规定风速值所需的送风量和其他门漏风总量以及未开启常闭风阀漏风总量之和计算。需要说明的是,对于楼梯间其开启门是指前室通向楼梯间的门;对于前室,是指走廊或房间通向前室的门。

火灾时,公共建筑疏散门的开启楼层数 N_1 一般开火灾层及其上、下各1层,共3层;当地上楼梯间为 24 m 以下时,开着火层及其上一层。对于住宅建筑,居民对住宅建筑内环境比较熟悉,而且人员较少,根据多年的经验,楼梯间按规定开启楼层数,前室可开启着火层一层的疏散门。

综上,在计算系统送风量时,对于采用常开风口的楼梯间,按照规定开启楼层的门洞达到规定风速值所需的送风量和其他楼层门漏风总量之和计算。对于采用常闭风口的前室,按照规定开启楼层的门洞达到规定风速值所需的送风量以及未开启的常闭送风阀漏风总量之和计算。一般情况下,经计算后楼梯间窗缝或合用前室电梯门缝的漏风量,对总送风量的影响很小,在工程的允许范围内可以忽略不计。消防电梯前室送风时,只有使用层消防电梯门存在漏风,其他楼层只有常闭阀漏风(见条文公式中的L_3),这部分消防电梯门缝隙的漏风量已经在风量计算公式的门洞风速中予以考虑。

1 仅消防前室加压送风时采用 1.0 m/s 风速,其中阻挡烟气进入前室所需的最低风速为 0.5 m/s,其余一半的风量用于送风层消防电梯门开启时缝隙的漏风,其门缝漏风风速远大于 0.5 m/s,足够阻挡电梯井烟气进入消防前室。

2 当楼梯间与前室都送风时,楼梯间有部分风量进入前室,其门洞风速要求 0.5 m/s,前室送风量按 0.7 m/s,合计为门洞风速 1.2 m/s 的进风量,这个风量足够满足开启层前室疏散门与消防电梯门开启时的漏风量。

3 对于楼梯间机械加压送风,具有两个或以上开启门的独立前室时,楼梯间疏散门的门洞断面风速采用 1.0 m/s 的计算风量是不能满足前室疏散门同时开启的最低门洞风速要求的,此时前室必须进行加压送风。

4 当楼梯间采用自然通风,合用前室采用加压送风时,计算前室送风量按前室门洞风速不应小于 $0.6(A_1/A_g+1)$ m/s 的方法取值,保证该前室的每一个门的平均门洞风速为 0.6 m/s。除去通向楼梯间与走道两边门开启需要的风速 0.5 m/s 的风量外,还剩风速不小于 0.2 m/s 的风量也能满足消防电梯门开启时的缝隙漏风量。

据实测,电梯门开启时的门缝约 0.24 m²。按前室门洞面积 2.1 m²、风速 0.2 m/s 时的风量进行折算,电梯门缝风速为 1.75 m/s,已远超 0.5 m/s 的风速要求。如电梯门缝面积过大、漏风量很大时,计算中可加上此部分漏风量。

5 共用前室和消防电梯前室合用的前室的加压送风量,应根据剪刀楼梯加压送风情况,按照上述的门洞风速取值原则计算加压送风量。

6 对于一些特别情况下的加压风量计算方法：

1） 当有部分楼层的每层前室门的数量与标准层不一致时，计算前室加压送风量时应选用连续三层中门数量最多的三层；如果门尺寸不一致，数量也不一致时，需要将连续三层中前室门面积之和最大的面积进行计算。

2） 当首层扩大前室另设独立防烟系统时，楼梯间加压送风量计算：

① 扩大前室采用加压送风系统时，楼梯间门洞风速按正常方法计算；

② 扩大前室采用自然防烟系统时，首层楼梯间门洞风速按 1.0 m/s 计算。

7 计算举例如下。

［例1］ 楼梯间机械加压送风、前室不送风情况。

某商务大厦办公防烟楼梯间 13 层、高 48.1 m，每层楼梯间一个双扇门 1.6 m×2.0 m，楼梯间的送风口均为常开风口；前室也是一个双扇门 1.6 m×2.0 m。

1） 此案例中前室属于一个门的独立前室，前室可不送风，楼梯间门洞风速取 1.0 m/s。

开启着火层疏散门时，为保持门洞处风速所需的送风量 L_1 计算：

开启门的截面面积 $A_k=1.6×2.0=3.2$ m²；门洞断面风速取 $v=1.0$ m/s；常开风口，开启门的数量 $N_1=3$

$$L_1=A_k v N_1=9.6 \ \text{m}^3/\text{s}$$

2） 对于楼梯间，保持加压部位一定的正压值所需的送风量 L_2 计算：

取门缝宽度为 0.004 m，每层疏散门的有效漏风面积 $A=(2.0×3+1.6×2.0)×0.004=0.036\ 8$ m²；根据门

洞风速 1.0 m/s,门开启时的压力差取 $\Delta P = 12$ Pa;漏风门的数量 $N_2 = 13-3 = 10$

$$L_2 = 0.8727 \times A \times \Delta P^{\frac{1}{n}} \times 1.25 \times N_2$$
$$= 1.3178 \text{ m}^3/\text{s}$$

则楼梯间的机械加压送风量:

$$L_j = L_1 + L_2 = 10.92 \text{ m}^3/\text{s} = 39\ 312 \text{ m}^3/\text{h}$$

设计风量不应小于计算风量的 1.2 倍,因此设计风量不小于 47 174 m³/h。

[例2] 楼梯间机械加压送风、合用前室机械加压送风情况。

某商务大厦办公防烟楼梯间 16 层、高 48 m,每层楼梯间至合用前室的门为双扇 1.6 m×2.0 m,楼梯间的送风口均为常开风口;合用前室至走道的门为双扇 1.6 m×2.0 m,合用前室的送风口为常闭风口,火灾时开启着火层合用前室的送风口。火灾时楼梯间压力为 50 Pa,合用前室为 25 Pa。

1) 楼梯间机械加压送风量计算:

① 对于楼梯间,开启着火层楼梯间疏散门时为保持门洞处风速所需的送风量 L_1 计算:

每层开启门的总断面积 $A_k = 1.6 \times 2.0 = 3.2$ m²;门洞断面风速 v 取 0.7 m/s;常开风口,开启门的数量 $N_1 = 3$; $L_1 = A_k v N_1 = 6.72$ m³/s。

② 保持加压部位一定的正压值所需的送风量 L_2 计算:

取门缝宽度为 0.004 m,每层疏散门的有效漏风面积:

$$A = (1.6+2.0) \times 2 \times 0.004 + 0.004 \times 2 = 0.0368 \text{ m}^2$$

门开启时的压力差 $\Delta P = 6$ Pa

漏风门的数量 $N_2 = 13$

$$L_2 = 0.827 \times A \times \Delta P^{\frac{1}{n}} \times 1.25 \times N_2 = 1.21 \text{ m}^3/\text{s}$$

则楼梯间的机械加压送风量：

$$L_j = L_1 + L_2 = 7.93 \text{ m}^3/\text{s} = 28\ 548 \text{ m}^3/\text{h}$$

设计风量不应小于计算风量的 1.2 倍，因此设计风量不小于 34 257.6 m³/h。

2）合用前室机械加压送风量计算：

① 对于合用前室，开启着火层楼梯间疏散门时，为保持走廊开向前室门洞处风速所需的送风量 L_1 计算：

每层开启门的总断面积 $A_k = 1.6 \times 2.0 = 3.2 \text{ m}^2$；门洞断面风速 v 取 0.7 m/s；常闭风口，开启门的数量 $N_1 = 3$

$$L_1 = A_k v N_1 = 6.72 \text{ m}^3/\text{s}$$

② 送风阀门的总漏风量 L_3 计算：

常闭风口，漏风阀门的数量 $N_3 = 13$；每层送风阀门的面积为 $A_F = 0.9 \text{ m}^2$，则

$$L_3 = 0.083 A_F N_3 = 0.97 \text{ m}^3/\text{s}$$

③ 当楼梯间至合用前室的门和合用前室至走道的门同时开启时，机械加压送风量为

$$L_s = L_1 + L_3 = 7.69 \text{ m}^3/\text{s} = 27\ 684 \text{ m}^3/\text{h}$$

设计风量不应小于计算风量的 1.2 倍，因此设计风量是 33 221 m³/h。

8 考虑楼梯间窗缝的漏风影响。

现行国家标准《采暖通风与空气调节设计规范》GB 50019 对外窗气密性有要求，根据建筑类型（居住建筑和公共建筑）、地区类型（夏热冬冷地区、严寒地区、寒冷地区、夏热冬暖地区）以及建筑高度等，气密性的要求不同。以单位缝长的漏风量（以下为 q_1）或单位面积的漏风量（以下为 q_2）为指标。为方便计算，可以

取值为

居住建筑：$q_1 \leqslant 2.5$ m³/(m·h)；$q_2 \leqslant 7.5$ m³/(m²·h)

公共建筑：$q_1 \leqslant 1.5$ m³/(m·h)；$q_2 \leqslant 4.5$ m³/(m²·h)

如果以 15 层居住建筑，每层外窗面积 1.5 m×1 m 计算：

以面积计算则：每层漏风 7.5×1.5＝11.25 m³/h，共计 11.25×15＝168 m³/h；

以缝长计算则：每层漏风 2.5×5＝12.5 m³/h，共计 12.5×15＝187.5 m³/h。

如果以 15 层公共建筑，每层外窗面积 2 m×1 m 计算：

以面积计算则：每层漏风 4.5×2＝9 m³/h，共计 4.5×2×15＝135 m³/h；

以缝长计算则：每层漏风 1.5×6＝9 m³/h，共计 9×15＝135 m³/h。

上述漏风量是在压差 10 Pa 时的数值，本标准中采用压差值的规定是"计算漏风量的平均压力差(Pa)，当开启门洞处风速为 0.7 m/s 时取 6.0 Pa；当开启门洞处风速为 1.0 m/s 时取 12.0 Pa"，这个压差值与 10 Pa 的差异对外窗漏风量的影响不大，因此可以参照选用。

根据上述计算，门开启时窗缝的漏风量相对于系统送风量而言，可以小到忽略不计。如果一定要计算在内，则可以按照上述单位缝长的漏风量或单位面积的漏风量指标计算。

5.1.9 对于楼梯间及前室等空间，由于加压送风作用力的方向与疏散门开启方向相反，如果压力过高，造成疏散门开启困难，影响人员安全疏散；另外，疏散门开启所克服的最大压力差应大于前室或楼梯间的设计压差值，否则不能满足防烟的需要。因此，本条规定了最大压力差，为设计和实际送风时的压力检测提供依据。公式参考美国国际规范委员会规范《*International Building Code*》的有关公式。根据现行行业标准《防火门闭门器》GA 93，防火门闭门器规格见表 3，防火门开启示意见图 13。

表 3　防火门闭门器规格

规格代号	开启力矩 （N·m）	关闭力矩 （N·m）	适用门扇质量 （kg）	适用门扇最大宽度 （mm）
2	≤25	≥10	25～45	830
3	≤45	≥15	40～65	930
4	≤80	≥25	60～85	1 030
5	≤100	≥35	80～120	1 130
6	≤120	≥45	110～150	1 330

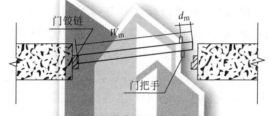

图 13　防火门开启示意图

举例：门宽 1 m，高 2 m，闭门器开启力矩 60 N·m，门把手到门闩的距离 6 cm。

门把手处克服闭门器所需的力：

$$F_d = 60/(1-0.06) = 64 \text{ N}$$

最大压力差：

$$P = 2 \times (110-64)(1-0.06)/(1 \times 2) = 43 \text{ Pa}$$

从上面的计算结果可见，在 110 N 的力量下推门时，能克服门两侧的最大压力差为 43 Pa。当前室或楼梯间正压送风时，这样的开启力能够克服设计压力值，保证门在正压送风的情况下能够开启；如果最大压力差小于设计压力值，则应调整闭门器力矩重新计算。

5.2 排烟系统设计计算

5.2.1 储烟仓是指在排烟设计中聚集并排出烟气的区域,其厚度会影响到排烟效率;最小清晰高度是人员安全疏散和消防扑救所需要的必须的高度。因此,排烟设计中控制烟层厚度即储烟仓的厚度和最小清晰高度是两个重要参数,必须确实保证。

5.2.2 本条规定了排烟量的计算方法。

1,2 根据火灾场景分析与工程测算,本标准对于面积小于等于 300 m² 的房间,采用指标法计算排烟量,并考虑了最小排烟量要求;面积大于 300 m² 时,房间最小对边距离通常有 10 多米,火灾燃烧时具有较大的空间,因此对于面积大于 300 m² 的房间,采用计算公式计算,其最小排烟量要求为 30 000 m³/h。火灾热释放速率可参考表 5.2.6 中列出的建筑类别或场所确定。对于其他物品较少、装修简单、火灾荷载较小的房间,可通过计算或实验的方式确定热释放速率。典型火灾的热释放速率参考值见表 4。

表 4 典型火灾的热释放速率

物品	热释放速率
阴燃的香烟	5 W
木制的厨房用火柴	50 W
装有纸的办子公废纸篓	150 kW
小椅子(垫套)	150 kW～250 kW
扶手椅(办公用)	350 kW～750 kW
躺椅(合成材料的垫子和装饰套)	500 kW～1 000 kW
沙发(合成材料的垫子和装饰套)	1 MW～3 MW
汽油(在混凝土上,1 L)	1 MW
起居室或卧室(取决于通风)	3 MW～10 MW

为便于工程应用,表 5.2.2 根据计算结果及工程实际给出了常见场所最小储烟仓高度情况下的机械排烟量数值。表中给出的是计算值,设计值还应乘以系数 1.2。防烟分区面积不宜划分过小,否则会影响排烟效果。

表 5.2.2 中空间净高大于 8 m 的场所,当采用普通湿式灭火(喷淋)系统时,喷淋灭火作用已不大,应按无喷淋考虑;当采用符合现行国家标准《自动喷水灭火系统设计规范》GB 50084 中用于高大空间场所(最高 18 m)的湿式灭火系统能有效灭火时,也可以按有喷淋取值,详见本标准第 5.2.6 条的条文说明。

3,4 对于走道与回廊的排烟,与该走道(回廊)相连的房间是否设置排烟设施有关。当其中有一个或一个以上的房间不设置排烟时,走道与回廊就应该按第 3 款要求设置排烟;当这些房间均设有排烟时,可按第 4 款要求设置排烟。走廊的排烟量按条文要求计算,不另外附加房间的排烟量。对于有可开启外窗的房间,当该窗有效开启面积满足自然排烟要求时,都应认定是具有排烟设施的房间。

5 当公共建筑首层疏散用的扩大前室采用机械排烟方式时,该处疏散人员集中且数量多,为避免造成人群恐慌,排烟量计算中采用的设计烟层底部高度应在最小清晰高度的基础上适当提高。经测算,本款规定了最小设计烟层底部高度的计算公式。

5.2.3 本条对排烟系统的排烟量计算作了规定。在一个防火分区中,往往存在多个防烟分区的情况。如果这些防烟分区是采用梁或挡烟垂壁分隔,下部空间连通时,那么,烟气满溢时会溢到相邻的防烟分区空间中,见图 14 的防烟分区 3 和 4(使用同一排烟系统),这时,在防烟分区较小、设计计算的排烟量也较小时,就需要将这两个防烟分区的排烟量叠加考虑。如果该防烟分区是采用房间分隔墙分隔,吊顶中分隔墙保持完整,烟气无法满溢到其他防烟分区时,可以按独立防烟分区考虑,见图 14 防烟分区 1 和 2。此外,采用排烟公式计算的排烟量往往计算量较大,防烟分区面积也较大,可以作为独立防烟分区考虑。

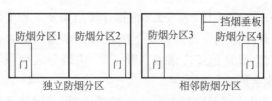

图 14　相邻与独立防烟分区

　　一个垂直排烟系统往往会担负多个楼层的防火分区的排烟,这时系统计算排烟量应选用其中最大排烟量确定。

　　走道是人员疏散的通道,为确保走道疏散的安全,走道应有排烟措施。当走道与其他防烟分区合用排烟系统时,走道的排烟量应叠加考虑。

5.2.4　中庭的烟气积聚主要来自两个方面:一是中庭周围场所产生的烟羽流向中庭蔓延;二是中庭内自身火灾形成的烟羽流上升蔓延。中庭周围场所的火灾烟羽流向中庭流动时,可等效视为阳台溢出型烟羽流,根据美国规范计算公式,其数值为按轴对称烟羽流计算所得的周围场所排烟量的 2 倍左右。对于中庭内自身火灾形成的烟羽流,根据现行国家标准《建筑设计防火规范》GB 50016 要求,中庭应设置排烟设施且不应布置可燃物,所以中庭着火的可能性很小。但考虑到我国国情,目前在中庭内违规搭建展台、布设桌椅等现象仍普遍存在,故为了确保中庭内自身发生火灾时产生的烟气仍能被及时排出,中庭自身火灾的排烟量按火灾规模 4 MW 且清晰高度 6 m 时的 107 000 m³/h 计算风量。出于保守的设计原则,中庭的设计排烟量需同时满足两种起火场景的排烟需求。

　　1　当公共建筑中庭周围场所设有机械排烟时,考虑到周围场所的机械排烟系统存在机械或电气故障等失效的可能,导致烟气大量涌入中庭,因此,此种状况的中庭排烟量应按周围场所中最大排烟量的 2 倍数值校核,且不应小于 107 000 m³/h。商业建筑中庭的回廊按本标准第 5.2.2 条的规定计算排烟量。

　　2　除商业建筑外,当公共建筑中庭周围仅需在回廊设置排烟时,一般周边场所面积较小,产生的烟量也有限,所需的排烟量较小,一般不超过 13 000 m³/h;考虑到回廊排烟系统失效时,烟气会涌入中庭,形成阳台溢出型烟羽流,要求中庭设置的机械排烟量不应小于 40 000 m³/h。

3 公共建筑的中庭需要设置排烟系统,其排烟量应按本标准第 5.2.6～第 5.2.12 条的规定计算确定,同时还应满足本条第 1 款和第 2 款周围场所烟气溢流至中庭的烟量。

5.2.5 本条规定了排烟系统排烟量的确定方法。综合考虑实际工程中由于风管(道)及排烟阀(口)的漏风及风机制造标准中允许风量的偏差等各种风量损耗的影响,规定系统设计风量不小于计算风量的 1.2 倍。汽车库标准中的排烟量是计算排烟量,当确定系统设计排烟量时,也应满足本条要求。

5.2.6 火灾烟气的生成量主要是由火灾热释放速率、火源类型、空间大小形状、环境温度等因素决定的。本条参照了国外的有关实验数据,规定了建筑场所火灾热释放速率的确定方法和常用数据。但特殊场合的火灾热释放速率应按国家相关专业标准执行,如地铁、车库等。

当房间设有有效的自动喷水灭火系统(简称喷淋)时,火灾时该系统自动启动,会限制火灾的热释放速率。根据现行国家标准《自动喷水灭火系统设计规范》GB 50084 的规定,一般情况下,民用建筑和厂房采用湿式系统的净空高度是 8 m,因此当室内净高大于 8 m 时,应按无喷淋场所对待。如果房间按照高大空间场所设计的湿式灭火系统,加大了喷水强度,调整了喷头间距要求,其允许最大净空高度可以加大到 12 m～18 m;因此,当室内净空高不高于 18 m,且采用了符合现行国家标准《自动喷水灭火系统设计规范》GB 50084 的有效喷淋灭火措施时,该火灾热释放速率可以按有喷淋取值。自动水炮灭火设施不属于连续的水灭火设施,它的使用场合不能作为有喷淋场合。

5.2.7 当储烟仓的烟层温度与周围空气温差小于 8℃时,此时烟气已经基本失去浮力,会在空中滞留或沉降,无论机械排烟还是自然排烟,都难以有效地将烟气排到室外,设计计算结果如果得出上述情况时,说明设计方案是失效的,应重新调整排烟措施。通常,简便有效的办法是在保证最小清晰高度的前提下,适当降低设计烟层底部高度。根据烟气流动的规律,烟层底部高度越低,即挡烟垂壁下沿离着火地面高度越低,烟气行程就越短,卷吸冷空气就越少,烟温下降也越少。

5.2.8 火灾时的最小清晰高度是为了保证室内人员安全疏散和方便消防人员的扑救而提出的最低要求,也是排烟系统设计时必须达到的最低要求。对于单个楼层空间的清晰高度,可以参照图 15(a)所示,式(5.2.8)也是针对这种情况提出的。对于多个楼层组成的高大空间,最小清晰高度同样也是针对某一个单层空间提出的,往往也是连通空间中同一防烟分区中最上层计算得到的最小清晰高度,如图 15(b)所示。在这种情况下的燃料面到烟层底部的高度 Z 是从着火的那一层起算。

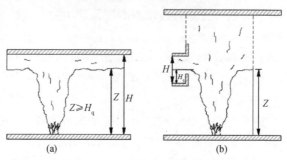

图 15　最小清晰高度示意图

空间净高按如下方法确定(图 16):

1　对于平顶顶棚,空间净高为从顶棚下沿到地面的距离,如图 16(f)所示。

2　对于锯齿形顶棚侧窗排烟,空间净高为侧窗中心到地面的距离,如图 16(e)所示。

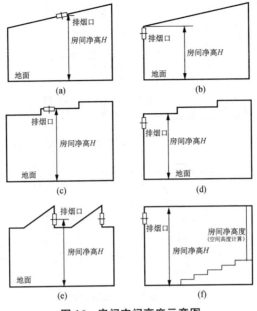

图 16　房间空间高度示意图

　　3．对于斜坡式的顶棚,顶排烟口排烟时,空间净高为从排烟开口中心到地面的距离,如图 16(a)所示;侧墙排烟时,空间净高为从顶棚下沿到地面的距离,如图 16(b)所示。

　　4　对于有封闭吊顶的场所,其净高应从吊顶处算起;设置格栅吊顶的场所,其净高应从上层楼板下边缘算起。

5.2.9　排烟系统的设计计算取决于火灾中的热释放速率。因此,首先应明确设计的火灾规模。设计的火灾规模取决于燃烧材料性质、时间等因素和自动灭火设施的设置情况,为确保安全,一般按可能达到的最大火势确定火灾热释放速率。

5.2.10　轴对称型烟羽流、阳台溢出型烟羽流和窗口型烟羽流为火灾情况下涉及的三种烟羽流形式,计算公式选用了 NFPA92 中的公式,其形式如图 17～图 19 所示。轴对称型烟羽流火源不受附近墙壁的限制。

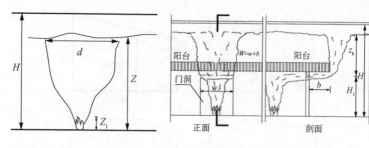

图 17　轴对称型烟羽流　　　　图 18　阳台溢出型烟羽流

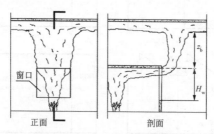

图 19　窗口溢出型烟羽流

本标准第 5.2.10 条第 2 款,阳台溢出型烟羽流公式适用于 $Z_b<15$ m 的情形,当 $Z_b \geqslant 15$ m 时,可参照 NFPA92 的相关规定计算。本标准第 5.2.10 条第 3 款,窗口型烟羽流公式适用于通风控制型火灾(即热释放速率由流进室内的空气量控制的火灾)和可燃物产生的火焰在窗口外燃烧的场景,并且仅适用于只有一个窗口的空间。

计算举例如下:

1)轴对称型烟羽流,如图 20 所示。

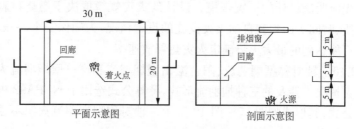

图 20　轴对称型烟羽流计算示例

某商业建筑含有一个三层共享的中庭,中庭未设置喷淋系统,其中庭尺寸长、宽、高分别为 30 m、20 m 和 15 m,每层层高为 5 m,排烟口设于中庭顶部(其最近的边距离墙大于 0.5 m),最大火灾热释放速率为 4 MW,火源燃料面距地面高度 0 m。

热释放速率的对流部分:

$$Q_C = 0.7Q = 0.7 \times 4 = 2.8 \text{ MW} = 2\ 800 \text{ kW}$$

火焰极限高度:

$$Z_1 = 0.166Q_C^{\frac{2}{5}} = 0.166 \times 2\ 800^{\frac{2}{5}} = 3.97 \text{ m}$$

设燃料面与地面之间距离为 0,燃料面到烟层底部的高度:

$$Z = 5 \times 2 + (1.6 + 0.1 \times 5) = 12.1 \text{ m}$$

因为 $Z > Z_1$,则烟羽流质量流量

$$M_\rho = 0.07Q_C^{\frac{1}{3}}Z^{\frac{5}{3}} + 0.001\ 8Q_C = 68.86 \text{ kg/s}$$

2)阳台溢出型烟羽流。

某一带有阳台的两层公共建筑,室内设有喷淋装置,每层层高 8 m,阳台开口 $w = 3$ m,燃料面距地面 1 m,至阳台下缘 $H_1 = 7$ m,从开口至阳台边沿的距离为 $b = 2$ m。火灾热释放速率取 $Q = 2.5$ MW,排烟口设于侧墙并且其最近的边离吊顶小于 0.5 m,则

烟羽流扩散宽度:$W = w + b = 3 + 2 = 5$ m

从阳台下缘至烟层底部的最小清晰高度:

$$Z_b = 1.6 + 0.1 \times 8 = 2.4 \text{ m}$$

烟羽流质量流量:

$$\begin{aligned} M_\rho &= 0.36(QW^2)^{\frac{1}{3}}(Z_b + 0.25H_1) \\ &= 0.36 \times (2\ 500 \times 5^2)^{\frac{1}{3}}(2.4 + 0.25 \times 7) \\ &= 59.29 \text{ kg/s} \end{aligned}$$

5.2.11，5.2.12 规定了烟气平均温度与环境温度的差的确定方法和排烟量的确定方法,公式来源于 NFPA92。排烟风机的风量选型除根据设计计算确定外,还应考虑系统的泄漏量。

以第 5.2.10 条中的例 1 为例。

$$M_\rho = 0.07 Q_C^{\frac{1}{3}} Z^{\frac{5}{3}} + 0.001\ 8 Q_C = 68.86\ \mathrm{kg/s}$$

烟气平均温度与环境温度的差:

$$\Delta T = K Q_C / M_C C_P = 2\ 800/(68.86 \times 1.01) = 40.26\ \mathrm{K}$$

环境温度 20℃,空气密度为 1.2 kg/m³,排烟量:

$$
\begin{aligned}
V &= M_\rho T / \rho_0 T_0 \\
&= 68.86 \times (293.15 + 40.26)/(1.2 \times 293.15) \\
&= 65.26\ \mathrm{m^3/s}
\end{aligned}
$$

5.2.13 自然排烟系统是利用火灾热烟气的浮力作为排烟动力,其排烟口的排放效率在很大程度上取决于烟气的厚度和温度,推荐采用比较成熟的英国防火设计规范的计算公式。

以第 5.2.10 条中的例 1 为例,现采用自然排烟系统进行设计,自然补风。环境温度 20℃,空气密度为 1.2 kg/m³。

热释放速率的对流部分:

$$Q_C = 0.7Q = 0.7 \times 4 = 2.8\ \mathrm{MW} = 2\ 800\ \mathrm{kW}$$

烟羽流质量流量:

$$M_\rho = 0.07 Q_C^{\frac{1}{3}} Z^{\frac{5}{3}} + 0.001\ 8 Q_C = 68.86\ \mathrm{kg/s}$$

故烟气层温升:

$$\Delta T = K Q_C / M_C C_P = 1 \times 2\ 800/(68.86 \times 1.01) = 40.26\ \mathrm{K}$$

烟气层平均绝对温度:

$$T = T_0 + 293.15 + 40.26 = 333.41\ \mathrm{K}$$

排烟系统吸入口最低点之下烟层厚度：

$$d_b = 5 - (1.6 + 0.1H) = 5 - (1.6 + 0.1 \times 5) = 2.9 \text{ m}$$

依据自然排烟储烟仓 $0.2H$ 的要求，储烟仓高度应为 3 m，为保证第 3 层清晰高度的要求，储烟仓采用 2.9 m。

C_v 取 0.6，C_0 取 0.6，重力加速度取 9.8 m/s²，设定进排气开口面积比 $A_o/A_v = 1$，则

$$A_v C_v = \frac{M_\rho}{\rho_0} \left[\frac{T^2 + (A_v C_v / A_0 C_0)^2 T T_0}{2g d_b \Delta T T_0} \right]^{\frac{1}{2}} = 32.02$$

排烟窗面积 $A_v = 32.02/0.6 = 53.4 \text{ m}^2$，补风面积也要达53.4 m²。

如果设定进排气开口面积比 $A_o/A_v = 0.7$，则

$$A_v C_v = \frac{M_\rho}{\rho_0} \left[\frac{T^2 + (A_v C_v / A_0 C_0)^2 T T_0}{2g d_b \Delta T T_0} \right]^{\frac{1}{2}} = 37.40$$

排烟窗面积 $A_v = 37.40/0.6 = 62.3 \text{ m}^2$，补风面积为 46.7 m²。

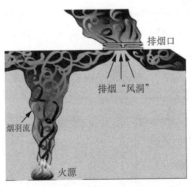

图 21　排烟口的临界排烟量示意图

5.2.14　如果从一个排烟口排出太多的烟气，则会在烟层底部撕开一个"洞"，使新鲜的冷空气卷吸进去，随烟气被排出，从而降低

了实际排烟量,如图 21 所示,因此,本条规定了每个排烟口的最高临界排烟量,公式选自 NFPA92。其中排烟口的当量直径为 4 倍排烟口有效截面积与截面周长之比。例如矩形排烟口的当量直径 D(宽高为 a,b)可用下式计算:

$$D = \frac{4ab}{2(a+b)} = \frac{2ab}{a+b}$$

该公式计算中排烟口的烟气深度 d_b 可参见图 22 所示。

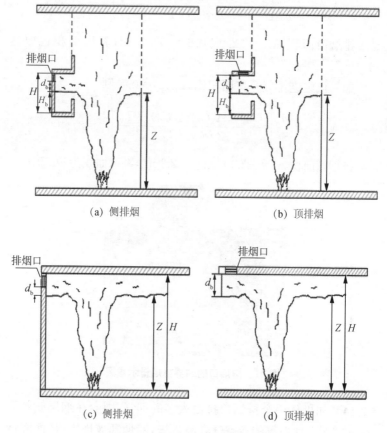

(a) 侧排烟   (b) 顶排烟

(c) 侧排烟   (d) 顶排烟

图 22　排烟口设置位置参考图

6 防排烟系统控制

6.1 防烟系统

6.1.1 本条规定了防烟系统的联动控制方式,一般情况下,选用火灾自动报警系统联动启动防烟系统。防烟系统的工作启动,需要先期的火灾判定,火灾的判定一般是根据火灾自动报警系统的逻辑设定,探测器工作后,确认火灾应该符合现行国家标准《火灾自动报警系统设计规范》GB 50116 的相关要求。

6.1.2 本条对加压送风机和常闭加压送风口的控制方式作出更明确的规定。加压送风机是送风系统工作的"心脏",必须具备多种方式可以启动,除接收火灾自动报警系统信号联动启动外,还应能独立控制,不受火灾自动报警系统故障因素的影响,如消防控制室手动启动,加压送风口手动开启联动,加压风机房现场手动启动等。

6.1.3 由于防烟系统的可靠运行将直接影响到人员安全疏散,火灾时对于公共建筑按设计要求准确开启着火层及其上下层的送风口(当系统服务楼层数极少时,也有只开启 1 层或 2 层的情况);对于住宅建筑要求着火层开启,这样既符合防烟需要也能避免系统出现超压现象。虽然公共建筑中要求开启着火层及其上下层送风口,这是对绝大部分 N_1 取 3 层的情况,但实际设计中也有 N_1 取 2 层,甚至取 1 层的情况,那么就应该按设计要求的开启层开启。高层建筑中,医院病房及老年照料设施的避难间加压送风时,可按同时开启 3 层设计。在首层扩大前室的防烟设计中,自然通风排烟和加压送风防烟都属于防烟措施,火灾时应保证能开启对应的首层扩大前室的防烟设施。

6.1.4 机械加压送风系统设置测压装置,既可作为系统运作的信息掌控,又可作为超压后启动风压调节措施的动作信号。由于疏散门的方向是朝疏散方向开启,而加压送风作用方向与疏散方向恰好相反,若风压过高,则会引起开门困难,甚至不能打开门,影响疏散。根据系统特点,通常楼梯间可采用楼梯间压力信号调节送风风压的方法;当要求开启 2 层或 3 层的前室加压送风时,宜采用每层前室设置余压阀的控制方法,如图 23 所示。

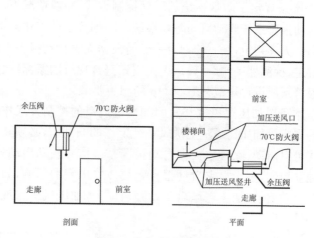

图 23 前室余压阀的设置

6.1.5 防烟系统设施动作反馈信号至消防控制室是为了方便消防值班人员准确掌握和控制设备运行情况。

6.2 排烟及补风系统

6.2.1 本条规定了排烟系统的联动控制方式,在一般情况下,优先采用火灾自动报警系统联动启动排烟系统。排烟系统的工作启动,需要前期的火灾判定,火灾的判定一般是根据火灾自动报警系统的逻辑设定,探测器工作后,确认火灾应该符合现行国家标准《火灾自动报警系统设计规范》GB 50116 的相关要求。

6.2.2 本条对排烟风机及其补风机的控制方式作出了更明确的规定,要求系统风机除排烟口开启联动、就地启动和火灾报警系统联动启动外,还应具有消防控制室内直接控制启动、系统中任一排烟阀(口)开启后联动启动和排烟风机房现场手动启动,目的是确保排烟系统不受其他因素的影响,提高系统的可靠性。

  与排烟风机连锁的是烟气进入排烟风机的最后一个排烟防火阀。超烟温时该阀自动关闭,并连锁关闭该排烟风机,同时连锁关闭该排烟系统中相对应的补风风机。

6.2.3 本条对常闭排烟阀(口)的启动等进行规定是为了系统及时反应动作,保证人员疏散的需要。具体要求如下:机械排烟系统中的常闭排烟阀(口)应设置火灾自动报警系统联动开启功能和就地开启的手动装置,并与排烟风机联动。当火灾确认后,火灾报警系统应在 15 s 内联动相应防烟分区的全部排烟阀(口)、排烟风机和补风设施。同时为了防止烟气受到通风空调系统的干扰,确保在火灾发生时,烟气能迅速得到控制和排放,不向非火灾区域蔓延、扩散,要求在 30 s 内自动关闭与排烟无关的通风、空调系统。

6.2.4 本标准明确规定发生火灾时只对着火的防烟分区进行排烟。本条规定了火灾确认后,排烟区与非排烟区排烟阀(口)所处的状态。为保证排烟效果,对担负两个及两个以上防烟分区的排烟系统宜采用漏风量小的高气密性的排烟阀,非排烟区的排烟阀(口)处于关闭状态,既有利于减少对排烟区的干扰和分流,防止烟气被引入非着火区,又可保证非排烟区的空间气体压力略高于排烟区的压力,更好地防止烟气的蔓延。

6.2.5 本标准对活动挡烟垂壁的启动进行规定,也是为了确保系统的有效、及时和可靠。与常闭排烟阀(口)一样,要求活动挡烟垂壁应设有火灾自动报警系统联动和就地手动启动功能,当火灾确认后,为了及时形成储烟仓,要求火灾自动报警系统应在 15 s 内联动相应防烟分区的全部活动挡烟垂壁,同时为保证排烟面积的到位,要求在 60 s 内或小于烟气充满储烟仓的时间内开启完毕自动排烟窗。

6.2.6 大空间场所的自然排烟窗设置位置通常较高且区域较广,为了将烟气层控制在设计清晰高度以上,确保人员安全疏散,故要求排烟窗应在烟气层未充满储烟仓前及时开启;且根据火灾烟气的特性对温控释放温度作出要求。烟气充满储烟仓的时间可参照 NFPA92 等标准规范中的相应公式进行计算。

6.2.7 排烟系统设施动作反馈信号至消防控制室是为了方便消防值班人员准确掌握和控制设备运行情况。